Elektrotechnik mit BASIC-Rechnern (SHARP)

Teil 1 Grundlagen, Wechselstrom

Von Dr.-Ing. Paul Vaske
Professor an der Fachhochschule Hamburg

2., durchgesehene Auflage
Mit 37 Programmen, 71 Beispielen,
74 Bildern und Tafeln

B. G. Teubner Stuttgart 1984

CIP-Kurztitelaufnahme der Deutschen Bibliothek

Vaske, Paul:
Elektrotechnik mit BASIC-Rechnern (SHARP) / von Paul Vaske. – Stuttgart : Teubner
Teil 1. Grundlagen, Wechselstrom. – 2., durchges. Aufl. – 1984.
ISBN 978-3-519-16200-1 ISBN 978-3-322-96772-5 (eBook)
DOI 10.1007/978-3-322-96772-5

Gesamtherstellung: Beltz Offsetdruck, Hemsbach/Bergstraße
Umschlaggestaltung: W. Koch, Sindelfingen

Vorwort

Ingenieure müssen stets zum Schluß ihrer Berechnungen numerische Ergebnisse vorlegen. Zum Lösen häufig wiederkehrender oder sehr umfangreicher Aufgaben stehen heute kleine, aber recht leistungsfähige programmierbare Digitalrechner bereit. Sie ermöglichen ein einfaches Eingeben der Daten und ein fehlerfreies Durchrechnen auch komplexer Systeme.

Für das Umsetzen von Berechnungsverfahren der Elektrotechnik in Rechnerprogramme eignen sich einige Methoden besonders gut, andere treten dagegen in den Hintergrund, und weitere bisher wenig eingesetzte werden jetzt wichtig. Mit diesem Buch sollen daher nicht nur neue Möglichkeiten zum schnelleren Lösen von elektrotechnischen Aufgaben dargestellt, sondern auch Anregungen zum Überdenken bisher üblicher Lösungsstrategien gegeben werden.

Es werden in BASIC verfaßte Programme mitgeteilt und an vielen Beispielen vorgeführt. Sie sind vielfältig einzusetzen. Ihr Ablauf ist mit Ein- und Ausgaben unmittelbar aus der Anzeige zu ersehen. Sie bringen wegen der großen Rechengeschwindigkeit der eingesetzten Taschenrechner schnell ihre Ergebnisse. Die gewählte dialogfreundliche Programmiersprache BASIC gestattet einfach zu lesende und gut zu durchschauende Schrittfolgen. Sie fördert mit den eingefügten Anforderungen von Daten oder Anweisungen eine benutzerfreundliche Bedienung.

Die BASIC-Programme sind auf programmierbare Taschenrechner zugeschnitten. Sie sind wegen der begrenzten Speicherkapazität dieser kleinen Geräte i.allg. so knapp wie möglich formuliert, können jedoch leicht auf noch benutzerfreundlichere Fassungen für größere Rechner - z.B. Tischcomputer - erweitert werden. Deshalb mußten insbesondere Erläuterungen im Programmablauf auf ein Mindestmaß beschränkt bleiben - z.B. bei den Anforderungen von Eingabedaten oder bei den Ausgaben meist auf ein oder zwei Zeichen.

Leider gibt es heute viele BASIC-Versionen nebeneinander, und die verschiedenen Rechner haben auch unterschiedliche Befehle. Daher ist es nicht zu umgehen, jedes konkrete Programm einem bestimmten Rechnertyp zuzuordnen. Hier wurde die Rechnerfamilie SHARP gewählt, und die Programme wurden für den PC-1251 geschrieben. Sie eignen sich aber auch für die kleineren PC-1210, PC-1211, PC-1212 bzw. PC-1245 und den größeren PC-1500.

Jedem Programm wird eine kurze Erläuterung des eingesetzten Berechnungsverfahrens vorangestellt. Das Anwenden wird stets mit mehreren Beispielen gezeigt. So sollen die vielfältigen Einsatzmöglichkeiten vorgeführt werden. Solche Programme übernehmen nur die mehr handwerklichen Berechnungsvorgänge, können aber eine gute Vorbereitung der Eingabedaten (und somit u.U. ein Umwandeln von Schaltungen o.ä.) nicht überflüssig machen. Die Kenntnis der elektrotechnischen Grundlagen muß also vorausgesetzt werden.

Ferner wird erwartet, daß sich der Leser in das Handhaben von BASIC-programmierbaren Rechnern eingearbeitet hat und ihm die entsprechenden Bedienungsanleitungen griffbereit zur Verfügung stehen. Dann können die angegebenen Programme leicht auf andere Rechnertypen oder andere Aufgaben umgestellt, erweitert oder auch insgesamt komfortabler gestaltet werden.

Den Programmen liegen stets Größengleichungen zugrunde. Alle physikalischen Größen sind als Zahlenwert ohne Einheit einzugeben. Wenn zu den Eingabedaten SI-Einheiten gehören, sind auch die Ausgabedaten mit den zugehörigen - z.B. durch eine Einheitenrechnung zu erhaltenden - SI-Einheiten zu versehen.

Sicherlich sind die mitgeteilten Programme und Vorgehensweisen nicht schlechthin optimal, und Umwege, Fehler und andere Mängel konnten nicht immer vermieden werden, obwohl alle Aussagen mehrfach durch Studenten überprüft wurden. Der Verfasser bittet daher um Nachsicht, wenn der Leser Möglichkeiten für Verbesserungen entdecken oder Druckfehler u.ä. finden sollte; er wird für Hinweise auf Mängel oder bessere Lösungswege stets dankbar sein.

Teil 1 enthält eine Einführung in die durch BASIC-programmierbare Rechner eröffneten Möglichkeiten und bringt wichtige, universell für die Netzwerkanalyse von Wechselstromschaltungen einsetzbaren Programme. In Teil 2 wird dies auf die Berechnung von Frequenzgängen und des Übergangsverhaltens erweitert. Eine Inhaltsübersicht für Teil 2 steht hinter dem Inhaltsverzeichnis von Teil 1.

Hamburg, im Sommer 1983 Paul Vaske

Vorwort zur 2. Auflage

Es wurden Fehler berichtigt und die Programme in einigen Teilen vereinfacht.

Hamburg, im Frühjahr 1984 Paul Vaske

Inhalt

Inhaltsübersicht zu Teil 2 "Frequenzgang, Übergangsverhalten"

Teil 3 "Einsatz des PC-1401"

1 BASIC-programmierbare Taschenrechner

In /48/ wird das ingenieurgerechte Anwenden programmierbarer Taschenrechner in der Elektrotechnik ausführlich behandelt. Diese haben sich inzwischen über viele Jahre und bei vielen Benutzern bewährt; die Vorteile ihres Einsatzes brauchen daher hier nicht nochmals hervorgehoben zu werden.

Vielmehr sollen hier nur die durch die Programmiersprache BASIC bzw. das Taschenrechner-BASIC hinzukommenden Gesichtspunkte herausgestellt und eine ingenieurgerechte, rationelle Aufbereitung der Daten und das Bereitstellen günstiger Algorithmen betrachtet werden. Daneben sind die Besonderheiten der hier benutzten Taschenrechner hervorzuheben.

1.1 BASIC

Da die Bedienungsanleitungen BASIC-programmierbarer Taschenrechner nicht immer leicht verständlich oder häufig zu knapp abgefaßt sind, zum Benutzen von BASIC-Programmen aber Grundkenntnisse dieser Programmiersprache vorausgesetzt werden müssen, werden hier noch kurz die wesentlichen Elemente von BASIC, die in Taschenrechnern angewendet werden, zusammengestellt. Für ausführliche Einzelheiten s. /1/, /4/, /6/, /13/, /14/, /19/, /21/, /22/, /23/, /27/, /28/, /29/, /30/, /32/, /33/, /35/, /38/, /39/, /50/.

1.1.1 Wesen von BASIC

Neben den für technische Aufgaben hauptsächlich eingesetzten Programmiersprachen ALGOL, APL, FORTRAN, Pascal, PL/1 oder APT tritt jetzt BASIC (beginners all purpose symbolic instruction code) stärker in den Vordergrund, weil es inzwischen mehrere BASIC-programmierbare Taschenrechner gibt und weil auch praktisch alle Tischcomputer auf diese Programmiersprache eingerichtet sind.

BASIC ist eine problemorientierte und dialogfreundliche Sprache; ihr Bedarf an Speichern ist relativ gering. Außerdem kann man BASIC sehr schnell lernen; es ist deshalb für Anfänger besonders geeignet. BASIC enthält alle wichtigen Elemente einer vielseitig einsetzbaren Programmiersprache. Bedingte und unbedingte Sprünge bzw. Schleifen sind möglich. Mit Unterprogrammen und Datenfeldern kann man den Umfang eines Programms sinnvoll klein halten. Die Programme sind leicht zu korrigieren, zu verändern oder neuen Forderungen anzupassen. Mit Zeichenketten kann man das Programm zweckmäßig erläutern und die einzugebenden Daten anfordern.

1.1.2 Aufbau von BASIC-Programmen

Ein Programm besteht aus Anweisungen, deren Reihenfolge durch die Zeilennummer festgelegt ist. Diese Nummern wählt man zunächst in Abständen von 10 zu 10 (z.B. 10, 20, 30 ...), um später u.U. noch weitere Zeilen einfügen zu können. Die einzelnen Zeilen muß man nicht in normaler Zahlenfolge eingeben; denn der Rechner ordnet sie sebsttätig. Die Zeilennummern werden auch bei Programmverzweigungen angesteuert.

BASIC-Befehle sind leicht verständliche englische Wörter - beim Taschenrechner-BASIC u.U. noch auf drei oder vier Buchstaben verkürzt (s. Abschn. 1.2). Man kann die Grundelemente in wenigen Stunden lernen - das Schreiben guter Programme verlangt jedoch einige Übung und vor allen Dingen eine klare Analyse der vorliegenden Aufgabe und der möglichen Lösungsverfahren.

Die meisten BASIC-Rechner melden Fehler bei der Ausführung eines Programms durch Angabe eines Fehlercodes und die zugehörige Zeilennummer. Man kann sie dann anhand der richtigen Programmliste berichtigen. Bei der Entwicklung eines neuen Programms wird oft eine eingehende Programmanalyse erforderlich. Fehler macht jedoch niemals der Rechner - sondern nur das Programm, d.h. also der Programmierer.

Programme, die sich im Programmspeicher befinden, werden im RUN-Modus abgearbeitet. Sie lassen sich bei Taschenrechnern meist durch Programm-Adreßtasten oder Marken abrufen (s. Abschn. 1.2.1). Die Ausführung beginnt bei der kleinsten Zeilennummer. Der Rechner prüft, ob er dem vorliegenden Befehl unmittelbar folgen kann (z.B. Ein- oder Ausgabe, Zuordnung, Arithmetik, Funktion) oder ob er nach einem Verzweigungsbefehl (z.B. GOTO ...) zur angegebenen Zeilennummer oder Marke springen muß. Bei einem bedingten Befehl (IF ... THEN ...) wird zunächst ein Vergleich vorgenommen, also eine Bedingung getestet und dann eine Entscheidung getroffen. Auf diese Weise erzielt man einen automatischen Rechenablauf.

Programmteile, die an mehreren Stellen des Programmablaufs gleich sind, können entweder als mehrfach (z.B. über GOSUB) aufzurufende Unterprogramme an den Schluß des Programms (also mit höheren Zeilennummern) gebracht oder in Schleifen (z.B. über die Befehle FOR

... TO ... STEP ... NEXT ...) in gewünschter Anzahl durchlaufen werden.

Die hier zu betrachtenden Taschenrechner haben nach den Buchstaben des Alphabets benannte feste Datenregister, die noch durch Ändern der Speicherbereichsverteilung, also ein Umwidmen von Programmspeicherplätzen in Datenregister, um ein- und zweidimensionale Datenfelder zu erweitern sind. Auf diese Weise erhält man besonders einfach (und auch indirekt) anzusteuernde Speicherplätze.

Zu einem vollständigen Programm gehört nicht nur eine Liste der Programmschritte und der eingesetzten Datenregister, sondern vor allen Dingen auch eine knappe Darstellung der technischen Grundlagen und des angewandten Algorithmus, also der eingesetzten Rechenvorschrift, sowie eine Programmbeschreibung, damit der Benutzer erkennen kann, welche Voraussetzungen gelten und welche Grenzen der Anwendbarkeit zu beachten sind bzw. wann sich u.U. Fehler einstellen können.

1.1.3 Entwicklung von Programmen

Dieses Buch soll nicht das eigentliche Programmieren lehren; es kann aber mit den beschriebenen BASIC-Programmen zeigen,wie man die betrachteten Aufgaben mit Rechnern lösen kann, und Anregungen für weitere eigene Programme geben.

Anleitungen zum Programmieren mit BASIC findet man in vielen Büchern - z.B. in /1/, /4/, /6/, /19/, /21/, /22/, /23/, /38/. Nach /4/ soll man beim Entwickeln eines Programms in folgender Reihenfolge vorgehen:

a) Übersetzen des technischen Problems in eine mathematische Form,

b) Auswählen eines geeigneten numerischen Lösungsverfahrens,

c) manuelles Durchrechnen von Testbeispielen unter Beachtung von kritischen Sonderfällen,

d) Analyse der Ein- und Ausgabedaten,

e) Entwickeln eines Programmablaufplans,

f) Übersetzen des Ablaufplans in ein BASIC-Programm,

g) Testen des Programms mit den Werten von c),

h) Verfassen einer Programmbeschreibung und

i) Aufstellen einer Benutzeranleitung.

Die hier beschriebenen Programme sind unter Beachtung dieser Richtlinien entstanden. Jedem Programm sind die ihm zugrundeliegenden physikalischen und mathematischen Grundlagen sowie eine Beschreibung der ihm eigenen Besonderheiten vorangestellt. Seine Anwendung wird außerdem jeweils an mehreren Beispielen gezeigt.

Auf eine Darstellung von Programmablaufplänen wird hier jedoch verzichtet, da sie für die mitgeteilten, vielseitig einsetzbaren Programme sehr umfangreich sind und BASIC-Programme meist auch ohne sie gut zu durchschauen sind. Durch den gewählten Programmaufbau und die in den Programmen enthaltenen Erläuterungen bzw. Datenanforderungen sind auch ausführliche Benutzeranleitungen meist überflüssig - zumal die Beispiele die Rechenabläufe mit Ein- und Ausgabe von Daten klar wiedergeben.

1.1.4 BASIC-Elemente

Jede Programmiersprache muß die Hauptaufgaben

Daten-Ein- und Ausgabe,
Zuordnung,
Verzweigung und
Arithmetik

einleiten können. Aus diesen Bausteinen läßt sich auch jedes Programm zusammensetzen. BASIC-programmierbare Taschenrechner haben meist einen größeren Befehlsvorrat - z.B. zum Bestimmen von Funktionswerten, zum Abspeichern und Zurückholen von Daten und Programmen in bzw. aus Kassettenrekordern, zum Drucken oder Plotten u.ä. - dies stellt aber einen nicht unbedingt erforderlichen zusätzlichen Komfort dar.

Hier sollen zunächst die Aufgaben der fünf Grundelemente kurz angesprochen werden; eine genauere, auf die hier eingesetzten Taschenrechner zugeschnittene Beschreibung von Einzelheiten folgt in Abschn. 1.2.

Eingabe. Aufgabenstellungen aus der Elektrotechnik erfordern i. allg. Daten, von denen das Programm ausgehen kann. Dies können Zahlenwerte, mit denen arithmetisch weitergerechnet werden soll, oder auch Zeichenketten (Strings), also z.B. Wörter, sein. Der wichtigste und in den folgenden Programmen allein verwendete Eingabebefehl ist der INPUT-Befehl. Nach dieser Anweisung stoppt der

Rechner den Programmablauf und erwartet die Eingabe von Daten. Mit dem Befehl INPUT N wird der eingegebene Wert in den Datenspeicher N gebracht.

Ausgabe. Ziel eines jeden Programms ist es, die berechneten Ergebnisse auszugeben oder anzuzeigen. BASIC hat für die Ausgabe von Zahlenwerten und Zeichenketten den PRINT-Befehl. Bei den hier betrachteten SHARP-Rechnern gibt es ferner den Befehl PAUSE, nach dem das Ergebnis nur etwa 0,85 s lang angezeigt wird.

Zuordnung. Mit dem Befehl INPUT N wird dem Datenregister N der eingegebene Wert zugeordnet oder zugewiesen. In der Anweisung A = A + 1 stellt der Befehl = eine Zuordnungsanweisung dar, hat also eine andere Bedeutung als das mathematische Gleichheitszeichen.

In diesem Beispiel soll daher der im Datenregister A gespeicherte Wert (z.B. die 3) genommen, um 1 vergrößert und dann wieder (hier also als 4) dem Datenregister A zugewiesen werden. (In der ursprünglichen BASIC-Version hieß die angegebene Zuordnungsanweisung noch LET A = A + 1; der Befehl LET wird heute bei fast allen Rechnern fortgelassen. Er findet sich bei der hier behandelten Rechnerfamilie jedoch noch bei dem Befehl IF - s. Abschn. 1.2.3.)

Verzweigung. Ein unbedingter Sprung zu einer bestimmten Zeilennummer (oder Marke) wird in BASIC mit dem Befehl GOTO ... verwirklicht, so daß das Programm mit der angegebenen Zeilennummer (oder Marke) fortgesetzt wird.

Eine bedingte Verzweigung, die eine Wiederholung eines Rechenablaufs in einer Schleife einleiten oder einen alternativen Programmweg einschlagen kann, erreicht man mit dem Befehl IF ... THEN ... Wenn der Rechner diesen Programmschritt erreicht hat, trifft er eine Entscheidung: Entweder ist die hinter IF stehende Bedingung erfüllt - dann führt er den hinter THEN stehenden Befehl aus, verzweigt also z.B. zu der dort stehenden Zeilennummer. Ist dagegen die Bedingung nicht erfüllt, wird der nächste Befehl in der folgenden Zeile (also ohne Sprung) ausgeführt. Diese Entscheidung kann von verschiedenen logischen Ausdrücken (z.B. über <, <=, >, > =, <>, = sowie AND, OR) abhängig gemacht werden.

Arithmetik. Natürlich enthält BASIC auch Befehle für die verschiedenen Rechenoperationen, wie Addieren (+), Subtrahieren (-), Multiplizieren (*) und Dividieren (/). Um Verzweigungen vornehmen zu können, müssen außerdem je zwei numerische oder nichtnumerische

Werte der Größe oder der alphabetischen Reihenfolge nach verglichen werden können; hierzu müssen daher die Operationen $=$, $<$, $>$, $\leq$, $\geq$ und $\neq$ ausführbar sein.

Alphanumerik. Kleinere Rechner haben nur eine Anzeige für Zahlenwerte. BASIC erfordert die Ausgabe von Buchstaben und anderen Zeichen, verlangt also eine alphanumerische Daten-Ein- und Ausgabe.

Zahlenwerte werden bestimmten Datenregistern A bis Z oder Variablen A(1) bis Z(255) zugeordnet. Für Zeichen oder Zeichenketten muß man der Bezeichnung einer solchen Textvariablen außerdem das Dollarzeichen $ hinzufügen - z.B. wie in A$, B$(5) usw.

Dieser Befehlsvorrat und die bei Taschenrechnern meist vorhandenenen weiteren Funktionen werden im Abschn. 1.2 einzeln besprochen.

1.2 Taschenrechner-BASIC

Da hier Programme für Taschenrechner behandelt werden sollen, müsdie für sie möglichen und die in den hier mitgeteilten Programmen *angewandten* wichtigen Anweisungen kurz erläutert werden. Dies geschieht in der folgenden Zusammenstellung anhand von exemplarischen Beispielen. Diese Auswahl kann und soll daher BASIC-Lehrbücher (wie /1/, /4/, /6/, /19/, /21/, /22/, /23/, /38/) und Bedienungsanleitungen nicht ersetzen, sondern nur gezielt auf einige Gesichtspunkte hinweisen. Die den Betrieb des Rechners betreffenden Kommandos, wie STOP, CONT, LIST, NEW, TRON, TROFF, BRK, CL und CA, brauchen dabei nicht angesprochen zu werden.

In der hier benutzten BASIC-Version kommen von den 26 Schlüsselwörtern des Minimal-BASIC die Anweisungen OPTION BASE, RANDOMIZE (nur in anderer Form als RND und RANDOM) und SUB nicht vor. Auch fehlen viele der etwa 100 Schlüsselwörter (keywords) des Standard-BASIC, z.B. für Hyperbelfunktionen, Zweierlogarithmus, Rundungsroutine sowie CLS, EDIT, STORE EXECUTIVE, FIXED, FLOAT, TAB, IMAGE, DIV, MOD, CALL, CREATE, OPEN, ASSIGN, CLOSE, SCRATCH u.ä.

1.2.1 Ein- und Ausgabeanweisungen

INPUT. Dies ist der normale Eingabebefehl. Das Programm wird hierfür unterbrochen. Jede Eingabe ist mit dem Befehl ENTER abzuschließen.

Beispiel	Wirkung
Input A	In der Anzeige erscheint das Fragezeichen ?. Nach Ein-

tasten eines Zahlenwerts und dem Befehl ENTER befindet sich der Zahlenwert im Datenregister A.

INPUT A$ — Jetzt wird die Eingabe (auch eine Zahl) als Zeichen (Stringvariable) gewertet.

INPUT A,B — Nach der 1. Eingabe erscheint ein 2. Fragezeichen und fordert zu einer 2. Eingabe eines Zahlenwerts auf. Dieser wird dem Datenregister B zugewiesen.

INPUT "U?", A — In der Anzeige erscheint zunächst U?_, was zur Eingabe eines Zahlenwerts für die Größe U auffordert. Wegen des Kommas (,) verschwindet beim Eintasten dieses Zahlenwerts die Anzeige U?_.

INPUT "U?";A — Jetzt bleibt wegen des Semikolons (;) die Anzeige U? auch beim Eintasten des Zahlenwerts stehen.

AREAD. Mit der Anweisung AREAD X wird beim Start eines Programms der in der Anzeige stehende oder der aus der im Anzeigeregister vorzunehmenden Berechnung sich ergebende Wert in das Datenregister X übernommen. Dies kann daher nur die erste Anweisung eines Programms sein.

INKEY$. Mit dieser Anweisung kann man das Programm in eine Warteschleife bringen.

Beispiel

```
10 A$=""
20 A$=INKEY$
30 IF A$="E" THEN "E"
40 IF A$="K" THEN "K"
50 GOTO 20
```

Wirkung

Aus dieser Warteschleife springt das Programm nur heraus, wenn entweder E oder K gedrückt werden. Nicht passende Eingaben bleiben ohne Folgen - nicht beabsichtigte, passende werden dagegen berücksichtigt. Diese Anweisung erspart ferner die Anweisung ENTER, wenn eine Verzweigung zu den Marken E oder K erzwungen werden soll, hat aber den Nachteil, daß keine Korrektur möglich ist und man u.U. aus Gewohnheit trotzdem ENTER drückt, was Fehler zur Folge haben kann. Auch schaltet sich der Rechner nicht mehr automatisch ab, was im Batteriebetrieb ein schnelleres Entladen bewirkt. Es sollte daher nur ausnahmsweise eingesetzt werden.

PRINT. Mit dieser Anweisung werden normalerweise Zahlenwerte oder Zeichenfolgen über die Anzeige ausgegeben. Die Anzeige bleibt bis zur nächsten Anweisung ENTER stehen.

Beispiel	Wirkung
PRINT A	Der numerische Inhalt des Datenregisters A wird ausgegeben.
PRINT A$	Der Zeicheninhalt des Datenregisters A wird angezeigt.
PRINT A,B	Der numerische Inhalt der Datenregister A und B wird nebeneinander in den beiden Anzeigehälften rechtsbündig angezeigt.
PRINT A;B;C	Das Semikolon sorgt dafür, daß die Ausdrücke A, B und C unmittelbar nebeneinander stehen.
PRINT "U=";A	Jetzt steht vor dem ausgegebenen Zahlenwert ohne Abstand und linksbündig U=.
PRINT A;" <";B	In diesem Fall werden zwei Zahlenwerte durch das Zeichen < voneinander getrennt ausgegeben. Das Leerzeichen vor < bleibt auch in der Anzeige leer.

PAUSE. Im Unterschied zur PRINT-Anweisung wird der Programmablauf nach etwa 0,85 s fortgesetzt. Dieser Befehl wird hier für das Anfordern vieler Daten in Verbindung mit wechselnden Indizes eingesetzt. Wenn hierbei wegen der Zwischenrechnungen Wartezeiten auftreten, wird die kurze Anzeige über eine vorgeschaltete BEEP-Anweisung durch einen Piepton angekündigt.

WAIT. Hiermit kann man die Dauer einer Anzeige durch einen PRINT-Befehl vorschreiben. Diese Anweisung wirkt auf alle folgenden PRINT-Anweisungen.

Beispiel	Wirkung
WAIT 100	Die Anzeige bleibt 100·(1/64) s = 1,563 s lang stehen.

USING. Diese Anweisung legt das Ausgabeformat von Zahlenwerten und Zeichenketten im Anschluß an PRINT- und PAUSE-Befehle fest. Sie bleibt für alle nachfolgenden Ausgaben bis zu einer neuen USING-Anweisung bzw. bis zum nächsten Befehl RUN oder SHIFT CL gültig. Beispiele für die in diesem Buch benutzten Ausgabeformate enthalten Abschn. 3.1.1 und 3.1.2.2. Man beachte, daß auch innerhalb der SHARP-Rechnerfamilie unterschiedliche USING-Anweisungen erforderlich sein können.

1.2.2 Zuordnungs- und Rechenanweisungen, Hierarchie

Jedes Programm besteht aus einer Folge von Anweisungen. Eine Programmzeile kann bis zu 79 Zeichen aufnehmen (im Minimal-BASIC sonst 72 und im Standard-BASIC 156 Zeichen).

Zuweisung. Das Zeichen = ist in BASIC kein Gleichheitszeichen im streng mathematischen Sinn (mit Ausnahme des Einsatzes als Vergleichszeichen nach Abschn. 1.2.3). Es weist vielmehr dem links von ihm stehenden Datenregister das Ergebnis der rechts von ihm stehenden Rechenoperation zu. Dabei darf der bisherige Inhalt des betroffenen Datenregisters aufgerufen und verarbeitet werden.

In die Datenregister können reelle Zahlen im Dezimalsystem mit einer bis zu 10-ziffrigen Mantisse und einem negativen oder positiven zweistelligen Exponenten bzw. Stringvariable (Zeichenfolgen) mit bis zu 7 Zeichen eingegeben werden.

Beispiele	Wirkung
A = 17.2	Dem Datenregister A wird der Wert 17,2 zugewiesen.
A = A + 1	Der Inhalt des Datenregisters A wird um 1 vergrößert.
A = 2 * A	Der Inhalt des Datenregisters A wird verdoppelt.
A = B + C	Dem Datenregister A wird die Summe der Inhalte der Datenregister B und C zugewiesen; die Inhalte der Datenregister B und C bleiben erhalten.
A = EXP (-3)	Dem Datenregister A wird der Funktionswert e^{-3} zugewiesen.
A$ = "X1"	Dem Datenregister A wird die Stringvariable X1, also eine Zeichenkette, zugewiesen.

Rechenanweisungen. Die SHARP-Rechner kennen die folgenden Rechenanweisungen bzw. Aufrufe:

Zeichen	Beispiel	Wirkung
+	7.5 + 3.7	Addition
-	7.5 - 3.7	Subtraktion
*	7.5 * 3.7	Multiplikation (Dieses Zeichen kann häufig entfallen - s. Abschn. 1.2.8.1.)

Zeichen	Beispiel	Wirkung
/	7.5/3.7	Division
ABS	ABS(-3.7)	Bilden des Absolutwerts
INT	INT 7.5	Bilden des ganzzahligen Anteils einer Zahl
π oder PI		Aufruf der Kreiszahl 3,14.....
RND		Erzeugen einer Zufallszahl
SGN	SGN (-3.7)	Bestimmen des Vorzeichens einer Zahl

Mathematische Funktionen. Wichtige mathematische Funktionen können durch die folgenden Anweisungen unmittelbar berechnet werden.

Zeichen	Beispiel	Wirkung
ACS	ACS 0.5	Berechnung von Arccos 0,5
ASN	ASN 0.5	Berechnung von Arcsin 0,5
ATN	ATN 0.5	Berechnung von Arctan 0,5
COS	COS 30	Berechnung von cos 30°
EXP	EXP 3	Berechnung von e^3
LOG	LOG 3	Berechnung des dekadischen Logaritmus $\log_{10} 3$
LN	LN 3	Berechnung des natürlichen Logarithmus $\ln 3 = \log_e 3$
SIN	SIN 30	Berechnung von sin 30°
TAN	TAN 30	Berechnung von tan 30°
^	3^2.5	Berechnung der Potenz $3^{2,5}$ (In y^x muß $x > 0$ sein, und für $y < 0$ wird u.U. ein falsches Vorzeichen angegeben.)
√	√2	Berechnung der Quadratwurzel (In $\sqrt{x}$ muß $x \geq 0$ sein.)

Rangfolge der Rechenoperationen. Ausdrücke in Klammern werden immer zuerst berechnet - bei geschachtelten Klammern zunächst der innerste. Die Anzahl der öffnenden und schließenden Klammern muß übereinstimmen. Mit Klammern kann man also eine klare Reihenfolge der Berechnungen und Verarbeitungen erzwingen. Da dies aber oft die in Taschenrechnern knappen Programmspeicherplätze zu sehr in Anspruch nimmt, nutzt man hier gern die vorgegebene Befehlshierarchie aus (s. Abschn. 1.2.8.1).

Ohne Klammern werden die Anweisungen in der folgenden Reihenfolge abgearbeitet:

- Abruf von π und der Variablen (also der Datenregister)

	Beispiel
- Potenzieren von Ausdrücken ohne Multiplikationszeichen	2A^3 → (A^3)*2
- Multiplikation ohne Multiplikationszeichen (nicht PC-1500)	1+2A → (2A) + 1
- Funktionsberechnungen	3+SIN30 → (sin 30°) + 3
- Potenzieren	2*A^3 → (A^3) * 2
- Berücksichtigen von Vorzeichen	
- Multiplikation und Division	1/5+1/7 → (1/5) + (1/7)
- Vergleiche	A>B+I → A > (B + I)
- logische Operationen	IF A>B AND C>B THEN ... IF (A>B) AND (C>B) THEN

1.2.3 Steueranweisungen

Die hier mitgeteilten Programme nutzen meist die äußerst wichtigen Möglichkeiten des Verzweigens zu Zeilennummern oder Marken, für die man Zeichenfolgen mit bis zu 7 Zeichen wählen kann. Eingesetzt werden hier die folgenden Steueranweisungen.

Unbedingte Sprunganweisung. Nach dem Befehl GOTO ... springt das Programm zur anschließend angegebenen Adresse, also zu einer Zeilennummer oder einer Marke. Man darf aber nicht in eine Schleife hineinspringen.

Die Anweisung ON ... GOTO ... macht das Sprungziel abhängig vom Wert eines numerischen Ausdrucks, erlaubt also eine knappe Programmierung von Sprüngen zu wählbaren Zielen anhand einer Sprungzielliste und wirkt somit wie ein Verteiler, dessen Adressen berechnet werden.

Bedingte Verzweigung mit zwei Ausgängen. Über die Anweisung IF ... THEN ... kann man erreichen, daß das Programm zu der hinter THEN folgenden Adresse verzweigt, wenn die zwischen IF und THEN stehende Bedingung erfüllt ist. Andernfalls wird das Programm in der normalen Reihenfolge fortgesetzt. Anstelle der Adresse kann auch eine Anweisung stehen; in diesem Fall wird statt THEN meist die Anweisung LET gesetzt.

Der zwischen IF und THEN stehende logische, d.h. numerische oder Textausdruck (also der Vergleich) wird gebildet mit den folgenden Zeichen:

Zeichen	Bedeutung	Zeichen	Bedeutung
<	kleiner als	> =	größer gleich
< =	kleiner gleich	>	größer als
=	gleich	<>	verschieden von

Es können auch Zuweisungen in der Bedingung stehen oder mehrere Bedingungen verknüpft werden über die logischen Operatoren

Zeichen	Bedeutung
AND	logischer Operator UND
OR	logischer Operator ODER

Die auf eine Abfrage IF ... LET ...: in einer Zeile folgenden Anweisungen werden nicht mehr befolgt oder bewirken eine Fehlermeldung; daher müssen sie mit einer neuen Zeilennummer beginnen.

Schleifenanweisung. Mit einer Anweisung FOR "numerische Variable"
= "Anfangswert"
TO "Endwert"
STEP "Schrittweite"
"Folge von Anweisungen"
NEXT "numerische Variable"

kann man eine durch Anfangs- und Endwert sowie Schrittweite festgelegte Anzahl von zu durchlaufenden Schleifen bestimmen. Wenn die Angabe STEP fehlt, ist die Schrittweite 1. Eine Schleife wird mindestens einmal durchlaufen. Schleifenvariable und Schrittweite dürfen ganzzahlige Werte zwischen -32768 und 32768 annehmen; eine Schrittweite Ø ist unzulässig (Endlosschleife). Diese Schleifen können in bis zu 5 Ebenen ineinander geschachtelt sein, dürfen sich aber nicht überlappen. Man darf aus einer Schleife heraus-, aber nicht in sie hineinspringen.

Laufanweisungen zum Starten eines Programms werden in Abschn. 1.4.4 besprochen.

1.2.4 Datenfelder

Die SHARP-Rechner haben mindestens 26 feste Datenregister A bis Z, die auch für Textvariable AØ bis ZØ genutzt werden können. Darüber hinaus können mit der Anweisung DIM ein- oder zweidimensionale Feldvariable (Arrays), also mehrere systematisch geordnete, indizierte Variable, besonders einfach vereinbart werden. Diese Anweisung reserviert den für diese Datenfelder erforderlichen Platz im

Programmspeicher, verringert also seine Verfügbarkeit für Programme. Natürlich muß auch der benötigte Platz vorhanden sein. Hierbei belegt jede Variable den Platz für 8 Programmschritte (= 8 Bytes). Jedes Feld benötigt weitere 6 Bytes für den Variablennamen.

Bei den hier eingesetzten Programmen werden Feldvariable am Programmanfang vereinbart; ihr Umfang wird u.U. durch Programmparameter selbsttätig festgelegt (s. z.B. Programm 1.32).

Beispiel	Wirkung
DIM B(5)	Es wird ein eindimensionales Datenfeld für 6 Variable reserviert.
DIM B(5,6)	Es wird ein zweidimensionales Datenfeld mit 6 Zeilen und 7 Spalten, also ein 6x7-Matrix mit insgesamt 42 Elementen, festgelegt.
DIM B(N)	Es wird ein eindimensionales Datenfeld mit dem Umfang des im Datenregister N gespeicherten Ganzzahlanteils + 1 vereinbart.
B(2,3) = 3.7	Dem mit 2,3 indizierten Datenregister im zweidimensionalen Datenfeld B wird der Wert 3,7 zugewiesen.
B(J,K) = 3.7	Dem durch die Variablen J und K indizierten Datenregister im Datenfeld B wird der Wert 3,7 zugewiesen.

Durch den Befehl RUN werden die Feldvariablen gelöscht.

1.2.5 Unterprogramme

Unterprogramme sollen verhindern, daß sich an verschiedenen Stellen des Programms umfangreiche Befehlsfolgen wiederholen. Sie befinden sich bei den hier mitgeteilten Programmen meist am Schluß oder, wenn sie in mehreren Programmen eingesetzt werden, im hinteren Teil des Programmspeichers.

Als Unterprogrammadressen werden hier Zeilennummern oder Marken aus 1 oder 2 Zeichen gewählt. (Eine Zeilennummer wird offenbar schneller gefunden als eine Marke.) Jedes Unterprogramm wird mit dem Befehl RETURN abgeschlossen. Man kann aber in jede Programmzeile eines Unterprogramms hineinspringen.

Von jeder beliebigen Stelle und beliebig oft kann man über die Anweisung GOSUB ... zu einem Unterprogramm übergehen. Bis zu 10 Unterprogramme dürfen ineinander geschachtelt sein; d.h., man kann auch von einem Unterprogramm in ein anderes springen.

Mit der Anweisung ON ... GOSUB ... kann man ein Unterprogramm abhängig vom berechneten Wert eines Ausdrucks, also den ganzzahligen Wert des Sprungindex, anhand einer Sprungzielliste auswählen und aufrufen. Auch diese Anweisung wirkt daher als Verteiler.

Nach dem Befehl RETURN springt das Programm zu der auf den zugehörigen Unterprogrammaufruf folgenden Anweisung zurück. Im Hauptprogramm bewirkt der Befehl RETURN eine Fehlermeldung.

1.2.6 Textverarbeitung

Programme für elektrotechnische Aufgaben brauchen Text i.allg. nur im Rahmen des angestrebten Dialogs (s. Abschn. 1.4.5) zu verarbeiten. Wir beschränken uns daher auf die Behandlung der hierfür erforderlichen Anweisungen.

Textausdrücke oder Zeichenketten (Strings) müssen, wenn sie gespeichert oder angezeigt werden sollen, im Gegensatz zu den numerischen Ausdrücken stets in Anführungsstriche "..." gesetzt bzw. durch sie begrenzt werden und können dann mit den üblichen Anweisungen INPUT, PRINT, PAUSE ein- oder ausgegeben werden. Bei einer Eingabe über die Anweisung INKEY$ werden die Anführungsstriche nicht gesetzt - auch nicht beim Aufrufen einer Programm-Adreßtaste über DEF und SHIFT.

Textvariable tragen den Zusatz $ (z.B. in A$) und können bis zu 7 Zeichen umfassen. (Es lassen sich auch über die DIM-Anweisung Textvariable mit einer Länge bis zu 80 Zeichen erzeugen.) Sie lassen sich mit dem Pluszeichen (+) aneinander setzen. Man kann Textausdrücke entsprechend Abschn. 1.2.3 miteinander vergleichen.

Neben den Buchstaben A bis Z, den Ziffern 0 bis 9 sind auch alle übrigen verfügbaren Zeichen (bis auf ") und das Leerzeichen für Textausdrücke anwendbar.

LEFT$. Diese Textfunktion entnimmt aus einer Zeichenfolge die ersten Zeichen von links.

Beispiel	Wirkung
Q$ = "Y I S" R$ = LEFT$ (Q$,1)	Der Variablen R$ wird das Zeichen Y zugewiesen.

MID$. Diese Textfunktion entnimmt einer Zeichenfolge den mittleren Teil.

Beispiel	Wirkung
Q$ = "Y I S" R$ = MID$ (Q$,3,1)	Der Variablen R$ wird das Zeichen I zugewiesen.

RIGHT$. Diese Textfunktion entnimmt aus einer Zeichenfolge die letzten Zeichen von rechts.

Beispiel	Wirkung
Q$ = "Y I S" R$ = RIGHT$ (Q$,1)	Der Variablen R$ wird das Zeichen S zugewiesen.

REM. Auf durch diese Anweisung bestimmte Kommentarzeilen wird hier wegen der begrenzten Speicherkapazität von Taschenrechnern generell verzichtet.

STR$. Diese Anweisung wird hier zum Indizieren von Rechenergebnissen herangezogen. Sie wandelt einen numerischen Ausdruck in die dezimale Zeichenfolge um und ermöglicht so z.B. das Aneinanderfügen von Buchstaben und wechselnden Ziffern (s. Programm 1.32).

Beispiel	Wirkung
C$ = "Y" + STR$ B: PRINT C$	Wenn z.B. B den Wert 3 hat, wird "Y3" angezeigt.

Die Zeichenfunktion INKEY$ wird in Abschn. 1.2.1 erläutert.

1.2.7 Weitere wichtige Anweisungen

In den Programmen dieses Buches werden noch folgende Anweisungen eingesetzt:

Anweisung	Wirkung bzw. Aufgabe
CLEAR	Löschen aller Felder im Hauptspeicher und Nullsetzen der Datenregister A bis Z
BEEP	Nach längeren Rechnungen wird eine bevorstehende Anzeige als Folge einer Anweisung BEEP 1 durch einen Piepton angekündigt.
DEF ..	Dient zum Starten über die Definable Keys, also die anschließend einzugebende Marke A bis M.
DEGREE	Einstellen des Winkelmodus Grad ($^{\circ}$)

Anweisung	Wirkung bzw. Aufgabe
END	Abschluß eines Programms
RADIAN	Einstellen des Winkelmodus Radiant (rad)
RUN ...	Start eines Programms mit der folgenden Adresse
SHIFT ..	Leitet allgemein die Zweitfunktion einer Taste ein und bringt mit den folgenden Tasten A bis M Befehlsfolgen aus dem RESERVE-Speicher in die Anzeige (s. Abschn. 3.2)
SHIFT CA	Löschen der Anzeige, der WAIT-Anweisung, des TRACE-Zustands und einer Fehlerblockade. Umstellen auf normales Anzeigeformat
CL	Löschen der Anzeige und einer Fehlerblockade

Die noch nicht erklärten Zeichen haben folgende Bedeutungen:

Zeichen	Aufgabe bzw. Wirkung
! %	reine Kommentarbedeutung
"	Eingrenzung für Zeichenketten
#	erforderlich beim Ausgabeformat (s. Abschn. 3.1)
$	Kennzeichnung von Stringvariablen
&	erforderlich für das Ausgabeformat von Zeichenketten
?	Bereitzeichen für Eingabe (s. Abschn. 1.2.1)
:	Trennzeichen für Anweisungen
,	Trennzeichen, z.B. bei MEM, DIM (J,K) - trennt bei INPUT die Eingabe zeilenweise (s. Abschn. 1.2.1) und verteilt bei PRINT die Ausgabe auf die Anzeigehälften (s. Abschn. 1.1.1)
;	setzt bei INPUT die Eingabe unmittelbar hinter das Bereitzeichen (?) und läßt bei PRINT die Ausgaben unmittelbar aufeinander folgen
@	ersetzt in RESERVE-Programmen den Befehl ENTER

Für alle nicht aufgeführten Anweisungen (insbesondere solche, die den Betrieb mit Kassette oder Drucker betreffen) sowie alle eingehenderen Erläuterungen wird auf die Bedienungsanleitungen der SHARP-Rechner verwiesen.

1.2.8 Verkürzte Rechengänge und Programmierungen

Es hat Vorteile, wenn man bei den Eingaben oder innerhalb von Programmen sowie beim Eintasten von Befehlen von den normalen BASIC-Anweisungen abweichen und sie verkürzen darf. Hier soll daher noch auf solche Möglichkeiten bei den betrachteten SHARP-Rechnern hingewiesen werden.

1.2.8.1 Abgekürzte Eingaben und Anweisungen. Taschenrechner führen bestimmte Rechenoperationen mit Vorrang (für einzelne Rechnerfamilien in unterschiedlicher Weise) aus (s. Abschn. 1.2.2). Man braucht sich die hierfür geltenden Regeln aber nicht unbedingt zu merken, wenn man durch Setzen von Klammern die gewünschte Reihenfolge selbst herstellt. So entstehen oft lange Ausdrücke, die man bei Kenntnis der dem Rechner eingeprägten Hierarchie u.U. erheblich verkürzen könnte. Klammern werden daher hier, wenn zulässig, fortgelassen. Bei diesen Abkürzungen dürfen natürlich keine BASIC-Wörter oder Variablen-Namen (z.B. beim PC-1500) entstehen.

Nützliche Möglichkeiten für Abkürzungen sind in Tafel 1.1 zusammengestellt. Sie sind nur den geübten Anwendern bzw. Programmierern zu empfehlen, da sie natürlich auch die Gefahr von Fehlern in sich bergen. In den hier behandelten Programmen und Beispielen werden sie allerdings meist genutzt.

Tafel 1.1 Beispiele für verkürzte Eingaben und Anweisungen

Aufgabe	Anweisungen		
	lang	kürzer	falsch
$A = \frac{B}{0,5}$	A=B/0.5	A=B/.5	
$A = B - 0,5$	A=B-0.5	A=B-.5	
$A = \frac{1 \cdot 10^3}{B}$	A=1E3/B	A=E3/B [1]	
$A = \frac{B}{1 \cdot 10^3}$	A=B/1E3	A=B/E3	
$A = \frac{B}{1 \cdot 10^{-3}}$	A=B/1E-3	A=B*E3	
$A = e^{-3}$	A = EXP(-3)	A=1/EXP3	
$\omega = 2\ \pi\ f$	W=2*π*F	W=2πF	

[1] Die SHARP-Rechner schreiben das hier verwendete E als E.

Aufgabe	Anweisungen		
	lang	kürzer	falsch
$\omega = 2\pi \cdot 50$ Hz	W=2*π*50	W=2π*50	W=2π50
$A = \frac{1}{2\pi B}$	A=1/2/π/B	A=1/2π/B	A=1/2πB
$A = \frac{B}{\sqrt{3C}}$	A=B/√(3*C)	A=B/√3C	
$A = \frac{B}{\sqrt{3}C}$	A=B/√3/C		A=B/√3C
$A = \frac{1}{5} + \frac{1}{7}$	A=(1/5)+(1/7)	A=1/5+1/7	
$A = \frac{1}{B} + \frac{1}{C}$	A=(1/B)+(1/C)	A=1/B+1/C	
$A = 2 B$	A=2*B	A=2B	
$A = B C$	A=B*C	A=BC	
$A = B C D$	A=B*C*D	A=BCD	
$A = 3 \cdot 7 + 4 \cdot 9$	A=(3*7)+(4*9)	A=3*7+4*9	
$A = s I n D$	A=S*I*N*D	A=S*IND	A=SIND
$A = 2 B^C$	A=2*(B^C)	A=2B^C	
$A = B C/D$	A=B*C/D	A=BC/D	
$A = 3 B^{\sin C}$	A=3*(B^(SINC))	A=3B^SINC	
$A = \sin B + C$	A=(SINB)+C	A=SINB+C	
$A = B \sin C$	A=B*(SINC)	A=B*SINC	A=BSINC
$A = \sin(-30^\circ)$	A=SIN(-30)	A=SIN-30	

Die Eingabe 5E3 ENTER ist nur scheinbar kürzer als 5000 ENTER; denn mit SHIFT EXP müssen ebenso viele Tasten, die außerdem noch weit auseinander liegen, betätigt werden. Außerdem hilft das Eintasten von Zahlenwerten im vorgegebenen Standardformat, Fehler bei der Eingabe zu vermeiden.

Nicht jeder Rechner erlaubt die hier zusammengestellten Verkürzungen bzw. andere Rechnertypen können auch andere Möglichkeiten bieten. Man überprüft dies am einfachsten, indem man einmal die lange und anschließend die kürzere Form eingibt und die Ergebnisse miteinander vergleicht.

1.2.8.2 Abgekürzte BASIC-Wörter. Es wäre lästig, stets die langen BASIC-Wörter INPUT oder RETURN u.ä. eintasten zu müssen - insbesondere bei den doch recht kleinen Tasten der Taschencomputer.

Daher können bei den SHARP-Rechnern die in Tafel 1.2 zusammengestellten (ausgewählten) Abkürzungen vorteilhaft genutzt werden. Eine vollständige Liste enthalten die Bedienungsanleitungen.

Man vergesse vor allen Dingen nicht die erforderlichen Punkte!

Tafel 1.2 Nützliche Abkürzungen für BASIC-Wörter

BASIC-Wort	Abkürzung	BASIC-Wort	Abkürzung
AREAD	A.	MEM	M.
BEEP	B.	MID$	MI.
CONT	C.	PAUSE	PAU.
DATA	DA.	PRINT	P.
DEGREE	DE.	RADIAN	RAD.
DIM	D.	RANDOM	RA.
END	E.	RESTORE	RES.
FOR	F.	RETURN	RE.
GOSUB	GOS.	RIGTH$	RI.
GOTO	G.	RUN	R.
GRAD	GR.	STOP	S.
INKEY$	INK.	THEN	T.
INPUT	I.	TRON	TR.
LEFT$	LEF.	USING	U.
LIST	L.	VAL	V.
LLIST	LL.	WAIT	W.
LPRINT	LP.	NEXT	N.

1.3 Eigenschaften von Digitalrechnern

Rechnerfamilien haben bestimmte Eigenschaften, die nicht immer optimal auf die Bedürfnisse von Ingenieuren zugeschnitten sind. Außerdem unterscheiden sich die Wünsche und Aufgaben der verschiedenen Fachbereiche, so daß es sicher nicht möglich ist, alle Wünsche mit vertretbarem Aufwand zu erfüllen. Hier sollen daher noch die Eigenschaften der SHARP-Rechner hinsichtlich ihrer besonderen Eignung für die Zwecke der Elektrotechnik untersucht werden.

Alle Digitalrechner haben begrenzte Rechenbereiche, können nur mit einer begrenzten Stellenzahl arbeiten und sind daher auch in ihrer Rechengenauigkeit eingeschränkt, die noch abhängig von dem eingesetzten Rechenverfahren für die auszuführenden Rechenoperationen unterschiedlich sein kann. Hier sollen daher für einige Fälle die wünschenswerte oder erzielbare Genauigkeit und ihre Auswirkungen angesprochen werden.

Meist können EDV-Einrichtungen viel zu viele Informationen liefern. Mit einer zweckmäßigen Festlegung des Ausgabeformats kann man sie aber schon in einem wichtigen Bereich auf die Belange des Ingenieurs einschränken. Der Elektroingenieur arbeitet häufig mit Phasenwinkeln; ihre zweckmäßige Angabe soll daher ebenfalls behandelt werden.

1.3.1 Genauigkeit

Es scheint müßig zu sein zu fragen, wie genau ein Rechner arbeitet, der 10 Ziffern anzeigen kann und intern mit 12 Stellen rechnet. Für die meisten Ingenieuraufgaben ist er ausreichend genau; hier wird auf mögliche Fehler hingewiesen, um den Benutzer vor unangenehmen Überraschungen zu bewahren.

Falsche Rechenergebnisse entstehen hauptsächlich durch Programm- oder Eingabefehler, also weil Programme falsch aufgestellt oder eingetastet oder falsche Daten eingegeben werden. Man kann sehr leicht Fehler machen und sollte sich darüber nicht allzu sehr wundern. Programmfehler kann man anhand von Testbeispielen erkennen und weitgehend vermeiden; man sollte sie daher nicht für überflüssig halten. Die richtige Dateneingabe läßt sich - auch nach der Rechnung - überprüfen, wenn man alle Eingaben mit dem Drucker protokolliert.

Daneben können falsche Ergebnisse durch Ungenauigkeiten infolge der begrenzten Anzahl der verfügbaren Stellen, durch Anwenden von Näherungsverfahren oder durch ungenaue Eingabedaten (Meßdaten) entstehen. Diese Ursachen sollen hier kurz erläutert werden.

1.3.1.1 Rechnerfehler. Funktionswerte, wie z.B. sin x, cos x, ln x, e^x, die der Taschenrechner anzeigen oder verarbeiten soll, muß er i.allg. zunächst intern nach vom Hersteller nicht veröffentlichten Näherungsverfahren berechnen. Diese Werte können daher in den letzten Stellen ungenau sein.

Die endliche Stellenzahl bewirkt ferner, daß bei der Addition von Zahlen sehr unterschiedlicher Größe und bei der Subtraktion von annähernd gleich großen Zahlenwerten Stellen verloren gehen, die sich bei weiteren Rechnungen als Fehler auswirken. Man kann sie hauptsächlich durch Wählen eines besseren Berechnungsverfahrens (s. Abschn. 1.3.1.2) oder durch Unterdrücken des falschen Wertes

(s. Abschn. 1.3.1.5 und 3.1.4) vermeiden.

Beispiel 1.1. Um die Größenordnung der auftretenden Rechnerfehler sowie die Anzahl der berechneten Stellen zu erkennen, berechne man folgende Funktionswerte

	Eingaben	Anzeige (PC-1251)
a)	1/6 ENTER	1.666666667E-01
b)	65^4-17850625 ENTER	-0.0009
c)	1/3*3-1 ENTER	-1.E-11
d)	A=3E6/7 ENTER	428571.4286
	A=A-INTA ENTER	0.4286
e)	SIN60-.866 ENTER	2.5403791E-05
f)	1E11+1-1E11 ENTER	1.
g)	1E12+1-1E12 ENTER	0.
h)	A=√3 ENTER	1.732050808
	A=A*A-3 ENTER	1.49E-09
i)	LN(EXP3)-3 ENTER	-5.E-11
j)	TAN 90.000001 - TAN 89.999999 ENTER	-114591559.
k)	A=SIN89.9995 ENTER	1.
	ASNA-90 ENTER	0.

Der hier untersuchte Rechner zeigt somit folgende Eigenschaften: Nach a) rundet er das Ergebnis offenbar in der 10. Ziffer. Nach b) und c) muß er jedoch intern mit 12 Stellen rechnen - nach e) auch die trigonometrischen Funktionen. Die Abweichung unter b) ergibt sich, weil die Anweisung Y^X über $10^{x \log y}$ berechnet wird. Nach d) enthalten die Datenregister jedoch nur noch (in der letzten Stelle gerundete) 10 Ziffern. Die übrigen Beispiele zeigen, ab wann man Fehler zu erwarten hat und wie groß diese u.U. werden können.

1.3.1.2 Verfahrensfehler. Ein numerisches Berechnungsverfahren kann oft umständliche analytische Umrechnungen überflüssig machen. Diese liefern jedoch i.allg. eine exakte Lösung, während die numerischen Ergebnisse häufig nur Näherungen sind. Eine analytische Lösung ist daher vorzuziehen, wenn sie noch einfach zu finden ist.

Eine analytische Fourier-Analyse mithilfe der Integralrechnung /5/ liefert beispielsweise für viele mathematisch beschreibbare periodische Funktionen die in Handbüchern angegebenen genauen Fourier-Koeffizienten, während die numerische Fourier-Analyse nach Abschn. 8 zwar auf gemessene oder andere beliebige Kurvenformen einfach und schnell angewendet werden kann, aber wegen der erforderlichen Summierung von Sinus- und Kosinus-Werten nur begrenzt (für technische Zwecke meist ausreichend) genau ist.

Die folgenden, aus /31/ stammenden Beispiele sollen nochmals zeigen, daß man eine Division durch Null und kleine Differenzen im Programmablauf vermeiden muß. Sie können außerdem die Grenzen des Rechners demonstrieren.

Beispiel 1.2. Man berechne mit den beiden (z.B. durch Erweitern mit $\sqrt{1+x} + \sqrt{1-x}$ ineinander überführbaren) Funktionsgleichungen

$$y = \frac{\sqrt{1+x} - \sqrt{1-x}}{x} \qquad (1.1)$$

$$y = \frac{2}{\sqrt{1+x} + \sqrt{1-x}} \qquad (1.2)$$

die Werte für $x_1 = 0$ und $x_2 = 2 \cdot 10^{-12}$.

Mit Gl. (1.1) kann ein Taschenrechner y_1 nicht bestimmen; sie liefert außerdem den falschen Wert $y_2 = 0$. (Für $x_3 = 2 \cdot 10^{-11}$ erhält man noch den richtigen Wert $y_3 = 1$.)

Dagegen findet man mit Gl. (1.2) die richtigen Werte $y_1 = y_2 = 1$.

Beispiel 1.3. Mit den beiden durch Erweitern ineinander überführbaren Funktionsgleichungen

$$y = \frac{1 - \cos x}{\sin x} \qquad (1.3)$$

$$y = \frac{\sin x}{1 + \cos x} \qquad (1.4)$$

soll für $x = 2 \cdot 10^{-4}$ der Funktionswert y bestimmt werden.

Gl. (1.3) ergibt $y = 0$, Gl. (1.4) dagegen $y = 1.745329252 \cdot 10^{-6}$.

1.3.1.3 Datenfehler. In der Elektrotechnik muß man oft mit gemessenen Daten rechnen, sollte dann aber stets daran denken, daß diese wegen der endlichen Klassengenauigkeit der eingesetzten Meßgeräte meist in der 3. oder 4. Stelle unsicher sind /12/. Wie sich solche Meßfehler auswirken können, zeigt das folgende Beispiel.

<u>Beispiel 1.4</u>. Die Schaltung in Bild 1.3 enthält zwei Quellen mit den inneren Widerständen $R_1 = R_2 = 1\ \Omega$ und den Verbraucherwiderstand $R_a = 100\ \Omega$. Es soll der Strom $I_a = 2$ A fließen.

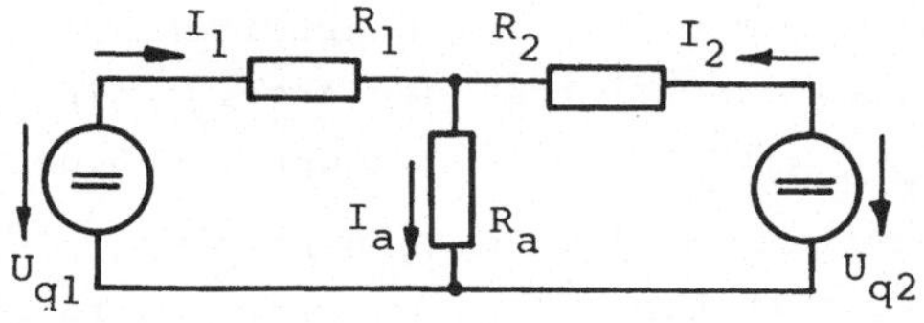

Bild 1.3 Netzwerk

Die Kirchhoffschen Gesetze /11/ verlangen, daß dann die Gleichungen

$$I_1 + I_2 = I_a \qquad R_1 I_1 + R_a I_a = U_{q1} \qquad R_2 I_2 + R_a I_a = U_{q2}$$

erfüllt sind. Wenn die Quellenspannungen U_{q1} und U_{q2} frei wählbar sind, gibt es für diese Aufgabe beliebig viele Lösungen. Die in Tafel 1.4 wiedergegebenen beiden Möglichkeiten sind leicht zu überprüfen.

Tafel 1.4 Lösungen

Größe	a	b
U_{q1} in V	201	202
U_{q2} in V	201	200
I_1 in A	1	2
I_2 in A	2	0

Man erkennt, daß eine geringfügige Änderung der Quellenspannungen (z.B. vorgetäuscht durch die Meßwerte von 2 Spannungsmessern mit der Klassengenauigkeit 0,5) schon eine sehr unterschiedliche Stromverteilung verursachen kann.

Dies ist ein etwas krasses Beispiel, das nichts über die Güte eines Rechners oder das verwendete numerische Lösungsverfahren aussagt; es macht vielmehr deutlich: Grundlage einer Berechnung, die gute Ergebnisse bringen soll, sind <u>zuverlässige Eingabedaten</u>. Meßdaten darf man stets nur unter Beachtung der möglichen Meßfehler einführen.

Auch weist dieses Beispiel darauf hin, daß es Schaltungen gibt, die sehr <u>empfindlich</u> auf Änderungen bestimmter Größen reagieren und sich bei den unvermeidbar auftretenden Toleranzen sehr unterschiedlich verhalten. Der Mathematiker spricht dabei von <u>schlecht konditionierten</u> Gleichungssystemen /31/. Einflüsse von Bauelement- und anderen Toleranzen sollten daher immer sorgfältig untersucht werden - Rechnerprogramme erleichtern dies ganz wesentlich.

<u>1.3.1.4 Bereichsfehler</u>. Die hier betrachteten Rechner können in den Zahlenbereichen

$$-1\cdot10^{100} < x < -1\cdot10^{-100} \text{ und } 1\cdot10^{-100} < x < 1\cdot10^{100}$$

sowie mit der Zahl 0 arbeiten. Wird dieser Wertebereich überschritten, erscheint in der Anzeige eine Fehlermeldung. Für Zahlenwerte $x \leq 1 \cdot 10^{-100}$ wird dagegen x = 0 gesetzt.

Beim manuellen Rechnen kann man eine Fehlerblockade über den Befehl CL aufheben. In einem Programm führt eine Fehlermeldung dagegen zu einer Unterbrechung, die man vermeiden sollte.

Man muß daher für kritische Fälle (z.B. wenn eine Division durch 0 möglich ist oder wenn bei EXP X ein Wert X > 230 auftreten kann) eine Abfrage in das Programm einbauen, die eine unzulässige Rechenoperation und somit die Fehlerblockade verhindert und den Rechenwert auf den nicht unmittelbar berechenbaren Wert setzt. In das Programm 1.6 ist beispielsweise eine solche Abfrage eingebaut.

<u>1.3.1.5 Vergleiche</u>. Wenn man im Vertrauen auf die Gesetze der Mathematik auf die Ergebnisse von Beispiel 1.1 bis 1.3 den Vergleich IF A = B THEN ... anwendet und hiervon beispielsweise weitere Iterationen oder andere Schleifen abhängig macht, kann der Rechner wegen der ungenau berechneten Werte nicht wie erwartet reagieren, sondern er wird u.U. eine unendliche Folge von Schleifen bearbeiten und zu keinem abschließenden Ergebnis kommen. In solchen Fällen muß man entweder durch sinnvolles Runden und Löschen der überflüssigen Ziffern den Vergleich A = B ermöglichen oder ihn auf $A \geq B$ oder $A \leq B$ oder auch auf ABS (A - B) < ε umstellen. (Ein Abschneiden der letzten Stellen - z.B. durch die Anweisung USING "##.###" - genügt nicht, sondern es müßte schon echt nach Abschn. 3.1.1 gerundet werden.)

Ähnliche Schwierigkeiten ergeben sich auch beim numerischen Bestimmen von Nullstellen, wenn man z.B. die Genauigkeit $\varepsilon \leq 10^{-a}$ anstrebt, die Nullstelle aber bei $x > 10^{(12 - a)}$ auftritt und daher die interne Stellenzahl einen zu kleinen Umfang für diesen Exponentialbereich aufweist. Man sollte daher Nullstellen nicht mit zu großer Genauigkeit suchen, sondern dies eher mit geringer Genauigkeit beginnen und das Ergebnis u.U. anschließend verfeinern.

<u>Beispiel 1.5</u>. Man bestimme mit den

Eingaben	die Anzeigen
a) 2.5^2 ENTER	6.25
- 6.25 ENTER	0.

b) 2.5^2 - 6.25 ENTER -1.3E-10

Unter a) wird also beim Eingeben in die Anzeige auf 6.25 gerundet, bei b) jedoch nicht, was bei einem internen Vergleich zu einem Fehler führen kann.

1.3.2 Ausgabeformat

Um Aufschluß über das jeweils sich einstellende Ausgabeformat zu erhalten, sollte Beispiel 1.6 betrachtet werden.

Beispiel 1.6. Man berechne

Eingaben	Anzeige
-31756*75362 ENTER	-2393195672.
317567*75362 ENTER	2.393248425E 10
.3/6 ENTER	0.05
3E-6/2 ENTER	0.0000015
USING "##.###" ENTER	>
1/6 ENTER	1.666666667E-01

Hiernach erfolgt die Anzeige zunächst einmal in einem normalen Dezimalformat - auch wenn die Eingabe das Exponentialformat benutzt. Sobald das Ergebnis aus mehr als 10 Ziffern besteht, geht es jedoch in ein Exponentialformat über, das aus einer Mantisse mit 10 Stellen und einem Exponenten mit 2 Stellen sowie den zugehörigen Vorzeichen (nur bei Minus angezeigt) besteht.

Die USING-Anweisung wirkt sich beim manuellen Rechnen nicht auf die Anzeige aus, sondern nur im unmittelbaren Anschluß an PRINT- und PAUSE-Befehle in einem Programm. Das normale Anzeigeformat stellt sich sogar wieder ein, wenn im Anschluß an ein Ergebnis, das ein Programm in einem anderen Format liefert, irgendein Befehl (z.B. *) manuell eingegeben wird.

EDV-Anlagen können den Benutzer mit Informationen überschwemmen. Man muß sie auf ein überschaubares und ein der zu lösenden Aufgabe angepaßtes Maß reduzieren. So sind z.B. die zehnziffrigen Anzeigen von Taschenrechnern für die meisten Ingenieuraufgaben schon zu umfangreich.

Folgende Beispiele mögen dies verdeutlichen: Ganz sicher kann z.B. ein Kondensator mit der berechneten Kapazität $C = 2.4362384 \cdot 10^{-8}$ F in dieser Genauigkeit serienmäßig nicht hergestellt werden, und die Zehnerpotenz wird hier in einer in der Technik nicht üblichen

Form angegeben. Eine berechnete Windungszahl N = 52,60398645 kann man nur mit 52 oder 53 Windungen realisieren. Ein für eine vollsymmetrische Dreiecksfunktion berechneter Fourier-Koeffizient $b_6 = -9{,}61666667 \cdot 10^{-12}$ ist nach der Theorie Null; er ergibt sich hier nur aufgrund von Rechnerfehlern (s. Abschn. 1.3.1.1), die bei der angewandten Summierung von Sinuswerten nicht zu vermeiden sind. Auch eine Aussage $42^3 = 74087.99999$ ist mathematisch und technisch nicht vertretbar. Solche falschen Werte sollte daher ein gutes Programm unterdrücken.

Beim Rechenschieber kann man auf seiner Normalskala Zahlenwerte, die mit einer 1 beginnen, und einige Sonderskalen vierziffrig ablesen. Alle übrigen Werte können nur dreiziffrig ermittelt werden. Dies reicht für die meisten Ingenieuraufgaben voll aus.

Zu beachten ist ferner, das elektrische Messungen, die Grundlage vieler Berechnungen sind, wegen der Klassengenauigkeit der eingesetzten Meßgeräte oder anderer Fehlermöglichkeiten in der 4. Ziffer unsicher sind, daß in viele Entwurfsrechnungen Sicherheitszuschläge oder Sicherheitsfaktoren einbezogen werden, die eine sehr genaue Berechnung überflüssig machen, und daß die eingesetzten Bauelemente Toleranzen aufweisen oder auf 6 Ziffern Genauigkeit auszusuchende Einzelteile nicht zu bezahlen sind.

Andererseits ist zu beachten, daß für einige Berechnungen (z.B. in der Matrizenrechnung) das interne Rechnen mit 12 Ziffern, wie bei den hier betrachteten Rechnern, gelegentlich nicht ausreicht. Es ist also sinnvoll, daß die Datenregister eine große Ziffernzahl aufnehmen können und interne Rechenoperationen stets mit der größtmöglichen Ziffernzahl ablaufen - zumal dies keinen zusätzlichen Aufwand erfordert.

Die Anzeige sollte jedoch sinnvoll gerundet sein. Einige Taschenrechner können die in DIN 1333 festgelegten Regeln für das Runden automatisch berücksichtigen; die hier betrachteten Rechner haben allerdings keine allgemein einsetzbare Rundungsautomatik, sondern erfordern gegebenenfalls eine eigene Rundungsroutine. Außerdem muß man das Ausgabeformat i.allg. dem vorliegenden Zweck anpassen, kann es also nicht einmal endgültig wählen.

Die hier betrachteten Rechner sind also nicht besonders auf Ingenieurbelange ausgelegt. Daher werden in Abschn. 3.1.1 kleine Rundungsprogramme mit Ausgabeformaten, die die Stellenzahl auf ingenieurgerechte Informationen beschränkt, mitgeteilt. Sie werden hier fast immer angewandt.

Anzeigen, die nur den ganzzahligen Anteil des numerischen Ausdrucks enthalten sollen, kann man über den Befehl INT erreichen; sie sind technisch meist wenig interessant.

Wünschenswert wäre an sich für die meisten Ergebnisse eine Ausgabe mit 4 gültigen Ziffern und einem durch 3 teilbaren Exponenten. Man nennt dies auch das technische Anzeigeformat, da dann die üblichen Vorsätze zur Bezeichnung von dezimalen Vielfachen und Teilen von Einheiten nach DIN 1301, wie z.B. p, n, µ, k, M, G usw., unmittelbar übernommen werden können. Dieses Ausgabeformat ist bei den hier betrachteten Rechnern nur sehr umständlich zu verwirklichen, so daß es nicht eingesetzt werden soll.

1.3.3 Winkelmodus

In den hier mitgeteilten Programmen wird beim Winkel einer komplexen Größe, die in der Polarform eingegeben werden soll oder ausgegeben wird, stets mit der Einheit Grad (^{o}) gearbeitet. Um dies zu gewährleisten, ist vor die Programmsegmente, die die Komponenten- in die Polarform oder umgekehrt umrechnen, der Befehl DEGREE gesetzt.

Bei den Hyperbelfunktionen muß dagegen in der Einheit Radiant (rad) gerechnet werden. Daher steht vor den entsprechenden Programmmodulen der Befehl RADIAN.

Man beachte, daß das Ein- und Ausschalten der SHARP-Rechner den Winkelmodus nicht ändert, der Winkelstatus nach dem Einschalten im Display jedoch angezeigt wird. Der Benutzer muß daher in allen anderen Fällen, in denen das Programm den Winkelstatus nicht automatisch festlegt, selbst dafür sorgen, daß er richtig eingestellt ist.

1.4 Aufbau der Programme

Es soll nun kurz erläutert werden, welche Ziele mit den hier für elektrotechnische Aufgaben konzipierten BASIC-Programmen verfolgt werden, aus welchen Elementen sie i.allg. bestehen, wie die Speicherbereiche hierfür aufgeteilt, wie die Programme gestartet und somit die Möglichkeiten der betrachteten Taschenrechner genutzt werden.

Die Programme - auch sehr kleine - sind durchnumeriert, um sie leicht auffinden und unterscheiden zu können. Für Teil 1 beginnen sie mit der Nummer 1.1 - für Teil 2 mit 2.1. Im Anhang sind Programme, die nebeneinander benutzt werden oder wesentliche gleiche Programmteile enthalten, zu Programmpaketen zusammengefaßt. Man könnte sie natürlich auch anders zusammenstellen, sie ergänzen oder verkleinern. Die Zeilennummern dürfen dabei beliebig im Bereich 1 bis 999 verändert werden, wobei alle Sprungbefehle natürlich entsprechend anzupassen sind.

1.4.1 Ziel

Programmierbare Taschenrechner sollen dem Benutzer nicht nur umfangreiche und manuell nur recht umständlich zu lösende Berechnungsaufgaben abnehmen; sie können auch einfachere Routinen, die häufiger vorkommen, in bequemer Handhabung zur Verfügung stellen. Diese kleinen und schnellen Rechner ermöglichen gegenüber dem bisherigen Vorgehen andere u.U. für den Benutzer wesentlich einfachere, vielseitiger einsetzbare, schneller zum Ergebnis führende und genauere Berechnungsverfahren. Die hier mitgeteilten Programme sollen daher u.a.

- vielseitig einsetzbar sein,
- umständliche Berechnungen übernehmen,
- schnell ingenieurgerechte Ergebnisse liefern,
- anwenderfreundlich sein, d.h. u.a.
- leicht aufrufbar und am Namen erkennbar sein,
- in komfortabler Weise, also im Dialog, die Eingaben anfordern und die Ergebnisse liefern,
- daher ingenieurgerechte Ausgaben - z.B. auch als Druckstreifen oder als Diagramme - aufweisen,
- die begrenzte Speicherkapazität eines Taschenrechners und seine sonstigen Möglichkeiten gut nutzen,
- möglichst auch im angewandten Algorithmus leicht zu durchschauen, also zweckmäßig programmiert sein und
- somit die wichtigsten und häufigsten elektrotechnischen Aufgaben besser und schneller als bisher zu lösen gestatten.

Sie können darüber hinaus zeigen,

- wie man allgemein Programme zweckmäßig aufbaut,
- was BASIC auch mit Taschenrechnern zu leisten vermag und
- wie BASIC eingesetzt werden kann.

Diese Programme können auch entsprechend aufbereitet auf größeren Rechnern oder auch als Unterprogramme eingesetzt werden.

Da BASIC-programmierbare Rechner nicht nur Zahlen, sondern auch Text wünschenswert gut verarbeiten können, kann man die aufgeführten Ziele schon heute weitgehend verwirklichen. Ihre vollständige Erfüllung wird hauptsächlich eingeschränkt durch die Hardware, die aber stetig weiterentwickelt wird und so für die Zukunft noch größere Kapazitäten und kürzere Rechenzeiten verspricht.

1.4.2 Programmelemente

Aus den in Abschn. 1.4.1 erläuterten Forderungen ergibt sich der zweckmäßige Aufbau eines BASIC-Taschenrechnerprogramms für elektrotechnische Aufgaben:

Beim Aufruf eines Programms soll zunächst in der Anzeige der Name des Programms erscheinen. Aus Kapazitätsgründen muß er so kurz wie möglich gewählt sein; er darf andererseits aber auch keine Mißverständnisse begünstigen und sollte daher ein naheliegendes, klares Kürzel darstellen. Wegen der begrenzten Speicherkapazität wird hier auf längere REM-Erläuterungen innerhalb des Programms verzichtet.

Die hier mitgeteilten Programme fordern anschließend die erforderlichen Eingabedaten im Dialog und wieder mit naheliegenden Kürzeln - also meist mit einem oder mit zwei Zeichen - unmißverständlich an. Zwischendurch können vom Benutzer über zu wählende Zeichen notwendige Programmverzweigungen eingeleitet werden. Somit enthalten die Programme schon implizit eine Benutzeranleitung. Hinter jeder INPUT-Aufforderung steht in der Anzeige das Fragezeichen (?), so daß sich hierfür weitere Kennzeichnungen erübrigen.

Nach der letzten Eingabe wird jeweils die weitere Berechnung automatisch bis zur Ausgabe des Ergebnisses fortgesetzt. Hierfür wird stets ein ingenieurgerechtes Ausgabeformat vorgeschrieben. Das anzustrebende Runden läßt sich allerdings nicht immer verwirklichen. Zusammengehörige Werte werden möglichst gleichzeitig nebeneinander angezeigt. Außerdem sind Druckroutinen vorgesehen, die das Ausdrucken von Ergebnislisten oder die graphische Darstellung von Kurven in Diagrammen veranlassen (s. Teil 2).

Zu jedem Programm gehören eine knappe Darstellung der zugrundeliegenden Algorithmen und Hinweise auf weiterführendes Schrifttum. In einer Programmbeschreibung wird der Aufbau des Programms und die

Bedeutung der benutzten Abkürzungen erläutert. Außerdem werden die eingesetzten Datenregister angegeben. Bei umfangreichen Programmen stehen neben der Programmliste noch Erläuterungen der einzelnen Programmsegmente.

1.4.3 Organisation der Speicher

Die begrenzte Speicherkapazität von Taschenrechnern erfordert eine besonders eingehende Planung des Aufbaus der Programme, ihrer Verteilung auf die verschiedenen Speicherbereiche, der Zuordnung der Datenregister und eines sehr weitgehenden Einsatzes von Unterprogrammen.

Allerdings unterscheiden sich die Taschenrechnertypen, die die hier mitgeteilten BASIC-Programme nutzen können, durch ihre Speicherkapazität und einige Sonderfunktionen. Um die Programme trotzdem kompatibel (d.h. austauschbar) zu halten, mußten sie diese Besonderheiten so weit wie möglich unberücksichtigt lassen und auf die Grundausstattung zugeschnitten werden. Daher sind nur gelegentlich geringe Anpassungen nötig. So kann man diese Programme auch leicht auf größere Rechner, wie z.B. Tischcomputer, übernehmen.

Die hier betrachteten Rechner haben neben dem Hauptspeicher, der die Programme aufnimmt und auch zu Datenfeldern (s. Abschn. 1.2.4) herangezogen wird, noch einen kleinen RESERVE-Speicher, der kurze Befehlsfolgen aufnehmen kann, und die festen Datenregister A bis Z.

Um alle Unterprogramme vielfältig einsetzen zu können, werden in ihnen die Datenregister V bis Z als Arbeitsspeicher eingesetzt. Das Datenregister Z wird insbesondere für das Runden genutzt (s. Abschn. 3.1.1). In den Datenregistern X und Y sind i.allg. Real- und Imaginärteil eines komplexen Ergebnisses gespeichert. Alle Programme rechnen einheitlich mit der Komponentenform der komplexen Größen und formen diese nur für die Anzeige u.U. in die Polarform um.

Die festen Datenregister A bis U werden in den verschiedenen Programmen für unterschiedliche Zwecke eingesetzt. Ihnen werden je nach Aufgabe numerische oder Stringvariable zugewiesen, und sie nehmen Zähler oder Zeiger auf.

Benötigt ein Unterprogramm weitere eigene Arbeitsspeicher, werden diese i.allg. als eindimensionales Datenfeld dem Hauptspeicher entnommen, um so eine andere Speicherverteilung nicht zu stören. Einige Programme (z.B. solche für Matrizen) arbeiten auch mit zweidimensionalen Datenfeldern. Sie werden dann im Programm über eine DIM-Anweisung selbsttätig festgelegt.

Die Programme gehen davon aus, daß im Hauptspeicher nur die Programmzeilen 1 bis 999 möglich sind. Um trotzdem den Programmspeicher voll nutzen zu können, entstehen gelegentlich lange Programmzeilen, und es kann die sonst übliche Wahl der Programmzeilennummer in Zehnerschritten nicht immer eingehalten werden.

Unterprogramme befinden sich i.allg. im hinteren Teil eines Programms oder des Programmspeichers, haben also meist eine Zeilennummer über 800.

1.4.4 Programmstart

Für das Initiieren von Programmen geben die Bedienungsanleitungen der SHARP-Rechner mehrere Möglichkeiten an, die jedoch nicht alle komfortabel oder rationell sind. Wir bedienen uns hier der folgenden Startbefehle:

Definable Keys. Bevorzugt eingesetzt wird in diesem Buch der schnelle und einfache Programmstart über die Anweisungen

DEF A bis DEF M.

Mit diesen Programm-Adreßtasten lassen sich schon 18 Programmanfänge unterscheiden. Man wählt als Kennbuchstaben gern den 1. Buchstaben der Berechnungsaufgabe, kann dies aber nicht immer verwirklichen, da

- keine direkten Doppelbelegungen in einem Programmpaket möglich sind und
- bei den 18 möglichen Zeichen nicht unbedingt der gewünschte zur Verfügung steht.

Nach Drücken der Programm-Adreßtaste erscheint dann zunächst der Name des Programms in der Anzeige, so daß man, wenn man sich verwählt haben sollte, gleich auf eine andere Taste übergehen kann.

Die Definable Keys ermöglichen somit einen sehr schnellen Zugriff zu den Programmen - man muß allerdings die zugehörigen Kennbuchstaben wissen. Außerdem werden weder die Standardvariablen A bis Z noch die Feldvariablen gelöscht.

RESERVE-Tasten. Wenn in den RESERVE-Speicher die notwendigen Befehlsfolgen eingegeben sind, kann man über die Befehle

SHIFT A bis SHIFT M

eine mittelbare Doppelbelegung der 18 Programm-Adreßtasten A bis M erreichen, was wiederum einen sehr schnellen Programmstart ermöglicht. Allerdings muß man auch hier die Bedeutung der Tasten kennen, und es treten die gleichen Wirkungen ein wie beim Programmstart über die Befehle RUN (z.B. Löschen der Feldvariablen) oder GOTO. Das Vorgehen ergibt sich aus dem folgenden Beispiel.

Beispiel 1.7. Es wird vorausgesetzt, daß sich das Programm 1.31 (s. Abschn. 4) vollständig im Programmspeicher befindet. Dann vollziehe man den Rechengang

Betriebsart	Eingabe	Anzeige
RSV	SHIFT A R. 10 @ ENTER	A: RUN 10@
	SHIFT S R. 20 @ ENTER	S: RUN 20@
	SHIFT D R."C" @ ENTER	D: RUN "C"@
	SHIFT F G."KOMPLEX" ENTER	F: GOTO "KOMPLEX"
RUN	SHIFT A	KOMPLEXES RECHNEN
	SHIFT S	+ - * / I P T S?
	BRK SHIFT D	KOMPLEXES RECHNEN
	CL SHIFT F	GOTO "KOMPLEX"
	ENTER	+ - * / I P T S?

Man kann also Programme sowohl über eine Zeilennummer als auch über eine Marke starten. Die Anweisung mit SHIFT D ist weniger effektiv, da sie mehr Speicherplätze oder mehr Befehle verlangt, ohne sichtbaren Gewinn zu bringen. Nach SHIFT F erscheint noch vorteilhaft der Name des Programms, was aber mit mehr Speicherplätzen im RESERVE-Speicher verbunden ist.

RUN oder GOTO. Der in Beispiel 1.7 vorgenommene mittelbare Start kann auch über die Anweisungen RUN oder GOTO unmittelbar eingeleitet werden. Für die Befehle RUN oder GOTO braucht man nur die Abkürzungen R. bzw. G. einzutasten (s. Abschn. 1.2.8.2).

Für die unterschiedlichen Wirkungen dieser Befehle wird auf die Bedienungsanleitung verwiesen. Der entscheidende Unterschied scheint zu sein, daß mit der Anweisung RUN auch alle Feldvariablen gelöscht werden, was schwerwiegende Folgen haben kann, in anderen Fällen aber notwendig ist (s. Abschn. 1.2.4).

Das in /19/ propagierte Starten über "Namen" (Marken oder Kennwörter), die aus höchstens 7 Zeichen bestehen dürfen, hat folgen-Nachteile:

- Das Kennwort muß exakt eingegeben werden.
- Abkürzungen sind meist erforderlich, lassen sich dann aber oft nicht mehr so gut buchstabengetreu merken.
- Das Eintasten von Kennworten mit mehr als 2 Zeichen ist umständlich; denn es dürfen auch die Zeichen "" nicht vergessen werden. (Gegenüber SHIFT A verlangt die Anweisung R. "AB" ENTER schon 5 Tastendrücke mehr!)

Wir werden daher hier auf dieses Vorgehen nur gelegentlich zurückgreifen, wenn der Name unmißverständlich und gut merkbar ist, im allgemeinen jedoch versuchen, mit den 36 Programm-Adreßtasten über DEF und SHIFT auszukommen oder auf Marken mit 2 Zeichen auszuweichen. Bei Sprüngen oder Unterprogrammen, die sich aus dem Dialog ergeben, sind ebenfalls 2 Zeichen, die sehr viele Varianten erlauben, vorteilhaft.

1.4.5 Dialog

BASIC ist eine dialogfähige Programmiersprache, so daß sich mit zweckmäßigen Anforderungen längere Erläuterungen in einer beigefügten Programmbeschreibung meist erübrigen und man das Programm unmittelbar abarbeiten kann. Diesen Vorteil sollte man auch für Taschenrechnerprogramme nutzen - auch wenn man hier wegen der begrenzten Speicherkapazität nur einfache Dialoge mit wenigen Zeichen führen kann. Ganze Wörter oder vollständige Sätze lassen sich beispielsweise heute noch kaum in ein Programm einbauen - später dürfte dies mit Speichern größerer Kapazität besser möglich sein.

Die hier mitgeteilten Programme fordern stets den Benutzer durch einen zweckmäßigen Hinweis in der Anzeige auf, zwischen möglichen Programmwegen zu wählen oder die benötigten Daten einzugeben. Eine solche Anforderung wird überall durch ein Fragezeichen (?) hinter den angezeigten Zeichen unmißverständlich gekennzeichnet. Man muß dann allerdings wissen, was diese Zeichen bedeuten - sie müssen daher in Anlehnung an die Aufgabe gewählt sein; ihre Bedeutung wird bei den verschiedenen Programmen erklärt. Bei dem Eintasten des nächsten Werts verschwindet die alte Anzeige. Erst nach dem Befehl ENTER wird die Eingabe endgültig vollzogen.

Man könnte auch durch eine entsprechende Programmierung (über die Anweisung INKEY$\emptyset$) erreichen, daß Eingaben dieser Art schon ohne die Anweisung ENTER in den Programmablauf hineingenommen werden.

Wenn dann anschließend doch noch - z.B. aus Gewohnheit - die Taste ENTER gedrückt wird, kann jedoch ein Fehler entstehen. Dagegen ermöglicht die hier gewählte Eingabeart eine letzte Kontrolle vor der endgültigen Aufnahme und vermindert so die nicht geringe Gefahr von Fehleingaben.

Um die Ergebnisse klar von den Eingaben zu unterscheiden, erscheinen sie hier fast immer nach dem Gleichheitszeichen (=) - meist steht dann auch noch ein Formelzeichen vor dem Gleichheitszeichen. Bei den Programmnamen oder anderen Kommentaren fehlen diese Kennzeichen.

Als Aufforderung zur fortlaufenden Eingabe von Daten wird hier in den Dialog auch der Befehl PAUSE aufgenommen, der im Gegensatz zum PRINT-Befehl numerische Werte oder Zeichenfolgen nur etwa 0,85 s lang zur Anzeige bringt. Bei längeren Zwischenrechnungen wird dann hier noch ein Befehl BEEP 1 eingefügt, der einen Piepton steuert, um so den Benutzer auf die kurze Anzeige hinzuweisen.

1.4.6 Unterprogramme

Die Programme sind zu Programmpaketen zusammengefaßt und wenden, soweit dies zweckmäßig erscheint, daher auch für verschiedene Programme gleiche Unterprogramme an. Man kann dies schon als Beginn einer Modularisierung bezeichnen, die bei der Entwicklung von großen Programmsystemen im Rahmen des strukturierten Programmierens eine große Rolle spielt.

Für jedes Programm sollte z.B. nach Abschn. 1.3.2 ein ingenieurgerechtes Ausgabeformat vorgesehen sein. Ein Unterprogramm

```
995:USING "##.####^": RETURN
```

erfordert hierfür 17 Bytes; durch den Befehl GOSUB 995 können dann aber in jedem Programm 8 Bytes eingespart werden. Bei z.B. 10 Programmen, die gleichzeitig im Programmspeicher untergebracht sein können, würde dies eine Einsparung von 63 Bytes bedeuten. (Wenn in einem Programmpaket eine bestimmte Stelle auch in jedem Teilprogramm durchlaufen wird, braucht eine solche Anweisung dort natürlich nur einmal zu stehen.)

Man kann auch mit Vorteil in Unterprogramme hineinspringen, also nur hintere Teile nutzen. Der letzte Befehl RETURN gilt ja nicht nur für das ganze Unterprogramm, sondern von jeder vor ihm stehenden Programmzeile aus.

Aufgerufen werden die Unterprogramme hier entweder über eine Zeilennummer oder eine Marke. Über Zeilennummern kann man offenbar zumindest Unterprogramme, die sich im hinteren Teil des Programmspeichers befinden, schneller ansprechen.

Unterprogramme können, wenn zu viele eingesetzt werden, Programme auch unübersichtlich machen. Da die Speicherkapazität von Taschenrechnern begrenzt ist, muß man diesen Nachteil jedoch gelegentlich in Kauf nehmen.

1.4.7 Testbeispiele

Man kann beim Eintasten von Programmen sehr leicht Fehler machen - z.B. bei den Zeichen " : , ; . Bei den BASIC-Wörtern kann man die Fehlermöglichkeiten durch Anwenden der in Tafel 1.2 aufgeführten Abkürzungen u.U. vermindern. Reduziert oder vermieden werden sie auch, wenn man von gedruckten Programmlisten ausgeht oder ein sorgfältig überprüftes Programm von einer Kassette übernimmt.

Niemals sollte man jedoch unterlassen, ein frisch eingetastetes oder aus dem Kassettenrecorder übernommenes Programm in den Teilen, die man benutzen möchte, vollständig zu testen.

Deshalb sind auch allen hier mitgeteilten Programmen vielfältige Anwendungsbeispiele beigefügt und ihre Lösungen mit Ein- und Ausgabe vollständig angegeben. Sie können und sollten als Testbeispiele eingesetzt werden. Gegebenenfalls sollte man für hier noch nicht berücksichtigte Aufgaben eigene, in den Zahlenwerten einfach zu überblickende Testbeispiele aufstellen.

Wichtige Hinweise. Bei den Eingaben und Programmen sind der Buchstabe E und das über den Befehl SHIFT |Exp zu bewirkende Zeichen |E im Exponentialformat zu unterscheiden. In diesem Skriptum wird aber auch das Zeichen |E i.allg. als E geschrieben, da es sich meist auch ohne den Vorstrich unmißverständlich aus dem Zusammenhang ergibt.

Solange ein Fragezeichen (?) im Display steht, befindet sich der Rechner noch in einem Programm und fordert eine Eingabe an. Man kann daher diese auch noch nach einer Fehlrechnung vornehmen. Um in ein anderes Programm zu springen, muß der Befehl BRK eingetastet werden.

2 Rechnen ohne Programmunterstützung

Den Eingaben in ein Programm muß oft eine kurze manuelle Berechnung vorausgehen, und das gesuchte Endergebnis findet man häufig erst nach einer weiteren kurzen Auswerterechnung aus den Ergebnissen eines Programms. Programmierbare Taschenrechner erübrigen also keine manuellen Rechnungen. Eine erwünschte optimale Nutzung verlangt vielmehr auch gute Kenntnisse des Rechnerbetriebs ohne Programm.

Programmierbare Taschenrechner erlauben natürlich auch umfangreiche und vielseitige manuelle Rechnungen ohne eingetastete Programme. Da man mit solchen Rechnungen einiges über BASIC und ein auch sonst zweckmäßiges Vorgehen lernen kann, werden hier noch einige Betrachtungen über Größengleichungen und taschenrechnerfreundliche Gleichungen angestellt und einfache Beispiele, die man ebenso gut ohne Programm bearbeiten kann, behandelt.

Für die Beispiele soll auch schon auf ein günstiges Vorgehen hingewiesen werden: Es empfiehlt sich, stets zunächst die allgemeine Gleichung hinzuschreiben, dann in diese Gleichung Zahlenwerte einzusetzen und diese Zahlen- und Befehlsfolge auch so einzugeben. Bei längeren Eingaben kann man Fehler nur durch Hinschreiben der einzugebenden Daten und Befehle und ihr exaktes Eintasten vermeiden. Dies gilt auch beim Benutzen der Programme.

Außerdem kann es für viele Rechnungen ohne Programm auch schon zweckmäßig sein, das Ergebnis in einem Datenregister festzuhalten, es also z.B. mit der Anweisung A = zu beginnen, um diesen Wert später wieder aufrufen zu können.

Die Beispiele sollen ferner zeigen, daß man, auch wenn ein sehr leistungsfähiger Rechner zur Verfügung steht, die allgemeine Berechnung bis zur Endgleichung vorantreiben sollte, um so zu einer klaren und übersichtlichen Berechnungsgleichung zu kommen. Das Denken kann man nicht dem Rechner überlassen, sondern man sollte vielmehr durch eigene Überlegungen den Rechengang so weit wie möglich abkürzen bzw. die Eingaben vereinfachen. So darf man gelegentlich die Vorsätze von Einheiten oder auch das Vorzeichen erst zum Schluß bei Angabe des Ergebnisses berücksichtigen.

2.1 Größengleichungen

Auch BASIC-programmierbare Taschenrechner lösen nur Zahlengleichungen und geben, wenn dies nicht besonders einprogrammiert wird, keine Einheiten an. Daher sollte man für normale technische Berechnungen nur mit Größengleichungen nach DIN 1313 arbeiten und die Einheiten getrennt bestimmen. Die verwendeten Formelzeichen

$$x = \{x\} \, [x] \tag{2.1}$$

stehen für physikalsche Größen, wobei $\{x\}$ den Zahlenwert und $[x]$ die Einheit wiedergibt. Digitalrechner können natürlich nur Zahlenwerte $\{x\}$ berechnen.

Größengleichungen haben den Vorteil, einfach in zwei getrennt zu behandelnde Gleichungen aufgelöst werden zu können. Z.B. ist beim Ohmschen Gesetz nach /11/ mit Spannung U (Einheit V) und Widerstand R (Einheit Ω) der Strom (Einheit A)

$$I = U/R \tag{2.2}$$

wobei der Taschenrechner den Zahlenwert

$$\{I\} = \{U\}/\{R\} \tag{2.3}$$

berechnen kann und getrennt hierzu die Einheit

$$[I] = [U]/[R] = V/\Omega = A \tag{2.4}$$

zu bestimmen ist, wenn SI-Einheiten nach DIN 1301 benutzt werden.

Die Zahlenwerte sollen nach DIN 1301 im Bereich $1 \leq \{x\} \leq 9999$ angegeben werden, so daß für Zehnerpotenzen die in DIN 1301 und Tafel 2.1 aufgeführten Vorsätze zu verwenden sind. Man beachte, daß diese Vorsätze Bestandteile der Einheit sind und Exponenten sich daher auf das Ganze beziehen.

Tafel 2.1 Vorsätze zur Bezeichnung von dezimalen Vielfachen und Teilen von Einheiten nach DIN 1301

Faktor	Vorsatz	Zeichen	Faktor	Vorsatz	Zeichen
10^{-18}	Atto	a	10^{3}	Kilo	k
10^{-15}	Femto	f	10^{6}	Mega	M
10^{-12}	Piko	p	10^{9}	Giga	G
10^{-9}	Nano	n	10^{12}	Tera	T
10^{-6}	Mikro	µ	10^{15}	Peta	P
10^{-3}	Milli	m	10^{18}	Exa	E

Daher gilt z.B. $1 \text{ m}^2 = 10^6 \text{ mm}^2$

$$1 \text{ kHz} = 10^3 \text{ s}^{-1} = \frac{1}{10^{-3} \text{ s}} = \frac{1}{\text{ms}} = 1 \text{ ms}^{-1}$$

$$10^{-3}\ K^{-1} = \frac{1}{10^3\ K} = \frac{1}{kK} = 1\ kK^{-1}$$

$$10^{-6}\ K^{-2} = \frac{1}{10^6\ K^2} = \frac{1}{kK^2} = 1\ kK^{-2}$$

Bei den folgenden Berechnungen werden die zur Kennzeichnung des Zahlenwerts eigentlich erforderlichen geschweiften Klammern i.allg. fortgelassen.

2.2 Taschenrechnerfreundliche Gleichungen

Mit dem Rechenschieber kann man besonders gut multiplizieren und dividieren, aber nicht addieren und subtrahieren. Auch ist das Bilden von Kehrwerten wegen der getrennt auszurechnenden Zehnerpotenzen umständlich und daher leicht mit Fehlern verbunden. Die auch heute noch üblichen Bestimmungsgleichungen nehmen auf diese Eigenarten so weit wie möglich Rücksicht.

Bei Berechnungen mit dem Taschenrechner kennt man diese Schwierigkeiten nicht. Man sollte jedoch dafür sorgen, jeden Zahlenwert nur einmal eingeben zu müssen, da Eingaben meist erhebliche Zeit beanspruchen und hierbei auch am ehesten Fehler gemacht werden. Daher müssen bekannte Bestimmungsgleichungen gelegentlich umgestellt und taschenrechnerfreundlich gemacht werden. Dies soll mit den folgenden einfachen Beispielen verdeutlicht werden.

Parallelschaltung. Es sollen die parallelen Widerstände R_1 und R_2 durch einen Gesamtwiderstand R_g nach Bild 2.2 b ersetzt werden.

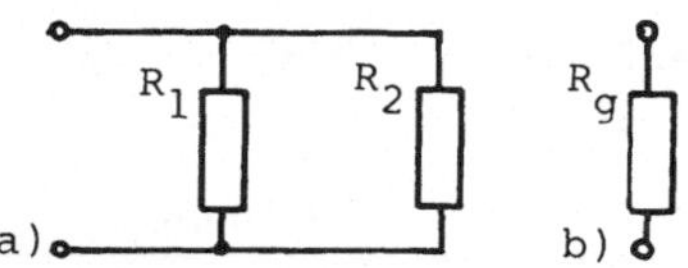

Bild 2.2 Parallelschaltung (a) der Widerstände R_1 und R_2 und Ersatzwiderstand R_g (b)

Nach /11/ gilt dann

$$\frac{1}{R_g} = \frac{1}{R_1} + \frac{1}{R_2} \tag{2.5}$$

bzw.

$$R_g = \frac{R_1\ R_2}{R_1 + R_2} \tag{2.6}$$

und entsprechend bei drei parallelen Widerständen

$$\frac{1}{R_g} = \frac{1}{R_1} + \frac{1}{R_2} + \frac{1}{R_3} \tag{2.7}$$

oder

$$R_g = \frac{R_1\ R_2\ R_3}{R_1\ R_2 + R_2\ R_3 + R_3\ R_1} \tag{2.8}$$

Die Produkte und Quotienten in Gl. (2.6) und (2.8) lassen sich mit dem Rechenschieber gut berechnen; für den Taschenrechner sind Gl. (2.6) und (2.8) dagegen wenig geeignet, da entweder die Daten mehrfach eingegeben oder Speicher belegt werden müssen. Einfacher errechnet man mit Digitalrechnern die Gesamtwiderstände

$$R_g = \frac{1}{\frac{1}{R_1} + \frac{1}{R_2}} \qquad (2.9)$$

oder

$$R_g = \frac{1}{\frac{1}{R_1} + \frac{1}{R_2} + \frac{1}{R_3}} \qquad (2.10)$$

da hier nur mehrfach Kehrwerte zu bilden sind, alo immer wieder der gleiche Algorithmus angewendet wird.

Beispiel 2.1 Die Widerstände R_1 = 10 Ω, R_2 = 20 Ω und R_3 = 25 Ω liegen entsprechend Bild 2.3 parallel; es soll ihr Gesamtwiderstand bestimmt werden,

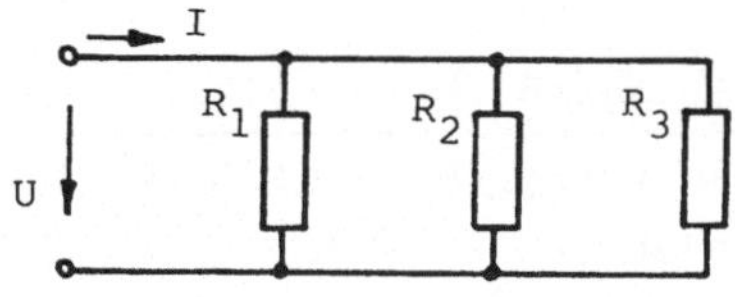

Bild 2.3 Parallelschaltung

Wir finden die Lösung mit dem Rechengang

Eingabe	Anzeige
1/(1/10 + 1/20 + 1/25) ENTER	5.263157895

Es herrscht also der (sinnvoll gerundete) Gesamtwiderstand R_g = 5,263 Ω. (Man beachte die BASIC-Eingabe der Brüche, die so bei anderen Taschenrechnern u.U. nicht zulässig ist.)

Beispiel 2.2. Drei Widerstände liegen nach Bild 2.3 parallel an der Spannung U = 220 V und sollen die Gesamtleistung P = 1 kW aufnehmen. Wie groß muß der Widerstand R_3 sein, wenn die Widerstände R_1 = 100 Ω und R_2 = 200 Ω verwendet werden sollen?

Es muß der Gesamtwiderstand $R_g = U^2/P$ vorhanden sein. Dann gilt nach Gl. (2.7) für den gesuchten Teilwiderstand

$$R_3 = \frac{1}{\frac{1}{R_g} - \frac{1}{R_1} - \frac{1}{R_2}}$$ und den Rechengang

Eingabe	Anzeige
A = 220 ^ 2/1E3 ENTER	48.4
1/(1/A - 1/100 - 1/200) ENTER	176.6423358

Es sind also Gesamtwiderstand R_g = 48,4 Ω und Teilwiderstand R_3 = 176,6 Ω zu verwirklichen.

Beispiel 2.3. Die Schaltung in Bild 2.4 besteht aus den Widerständen R_1 = 10 Ω, R_2 = 20 Ω, R_3 = 30 Ω, R_4 = 40 Ω, R_5 = 50 Ω. Es soll der Gesamtwiderstand R_g bestimmt werden.

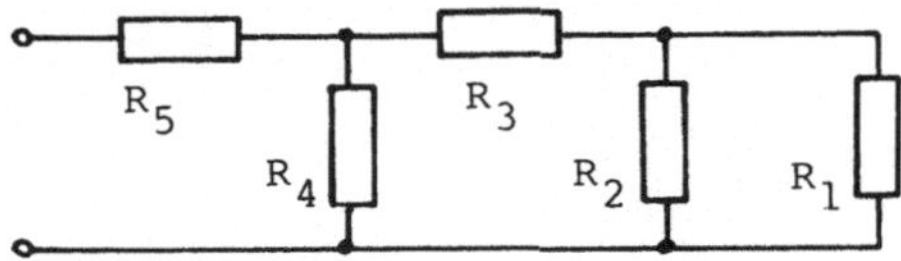

Bild 2.4 Netzwerk

Nach /22/ gilt

$$R_g = R_5 + \cfrac{1}{\cfrac{1}{R_4} + \cfrac{1}{R_3 + \cfrac{1}{\cfrac{1}{R_2} + \cfrac{1}{R_1}}}}$$

Daher erhält man die Rechengänge

Eingaben	Anzeige
50 + 1/(1/40 + 1/(30 + 1/(1/20 + 1/10))) ENTER	69.13043478
oder	
A = 1/20 + 1/10 ENTER	0.15
A = 30 + 1/A ENTER	36.66666667
A = 1/40 + 1/A ENTER	5.227272727E-02
50 + 1/A ENTER	69.13043478

Man findet also den Gesamtwiderstand R_g = 69,13 Ω.

Spannungs- und Stromteiler. Für den Spannungsteiler von Bild 2.5 kann man nach /11/ mit den Teilwiderständen R_1 und R_2 sowie den Teilspannungen U und U_1 die Spannungsteilerregel

$$\frac{U_1}{U} = \frac{R_1}{R_1 + R_2} = \frac{1}{1 + (R_2/R_1)} \tag{2.11}$$

angeben.

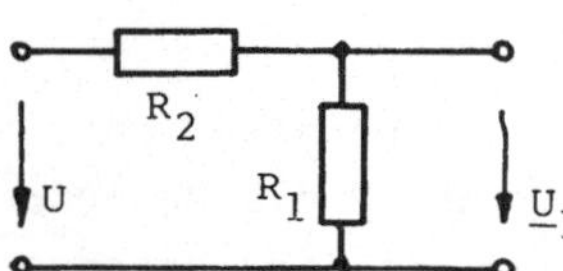

Bild 2.5 Spannungsteiler

Für den Stromteiler von Bild 2.6 gilt mit den Leitwerten G_1 und G_2 sowie den Strömen I und I_1 nach /11/ in analoger Weise die Stromteilerregel

$$\frac{I_1}{I} = \frac{G_1}{G_1 + G_2} = \frac{R_2}{R_1 + R_2} = \frac{1}{1 + (R_1/R_2)} \tag{2.12}$$

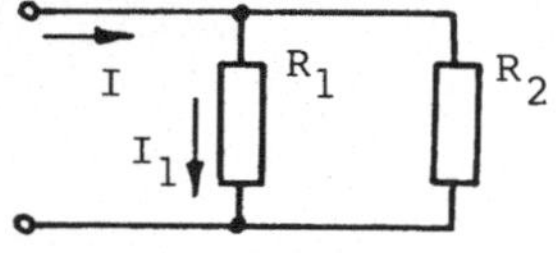

Bild 2.6 Stromteiler

Nur die letzten Ausdrücke von Gl. (2.11) und (2.12) sind jeweils taschenrechnerfreundlich.

Beispiel 2.4. Eine Schaltung nach Bild 2.5 besteht aus den Widerständen R_1 = 12,5 kΩ und R_2 = 7,37 kΩ und liegt an der Spannung U = 92,7 V. Es soll die Spannung U_1 berechnet werden.

Mit Gl. (2.11) erhält man die Rechengänge

Eingaben	Anzeige
92.7/(1 + 7.37/12.5) ENTER	58.31655762
oder	
A = 1 + 7.37/12.5 ENTER	1.5896
92.7/A ENTER	58.31655762

Die gesuchte Spannung beträgt also U_1 = 58,32 V.

Beispiel 2.5. Die Schaltung von Bild 2.6 besteht aus den Widerständen R_1 = 10 kΩ und R_2 = 22 kΩ und wird vom Strom I = 120 mA durchflossen. Der Strom I_1 soll berechnet werden.

Mit Gl. (2.12) kann man sofort die Rechengänge

Eingaben	Anzeige
120/(1 + 10/22) ENTER	82.5
oder	
A = 1 + 10/22 ENTER	1.454545455
120/A ENTER	82.49999997

und das Ergebnis I_1 = 82,5 mA angeben.

2.3 Weitere Beispiele

Hier werden noch einige Beispiele vorgerechnet. Sie sollen vor allen Dingen zeigen, wie die BASIC-Hierarchie bei den Eingaben zu beachten ist und wie man auch ohne ein Programm schon beachtliche Ergebnisse erzielen kann. Beispiele zur Sinusstromtechnik werden nachweisen, daß man hier auch ohne komplexe Rechnung zu guten Lösungen kommt, diese jedoch große Vorteile hat. Schließlich sollen einige Vorgehensweisen schon auf zweckmäßige numerische Algorithmen hinleiten. Die erforderliche Berechnungsgleichungen werden nicht abgeleitet; hierfür wird jeweils auf das angegebene Schrifttum im Anhang verwiesen.

Beispiel 2.6. Die Schaltung in Bild 2.7 enthält die Widerstände R_1 = 100 Ω, R_2 = 200 Ω, R_3 = 300 Ω und liegt an der Quellenspannung U_q = 50 V. Bei welchem Widerstand R_a stellt sich Leistungsanpassung ein, und welche verfügbare Leistung P_{amax} ergibt sich?

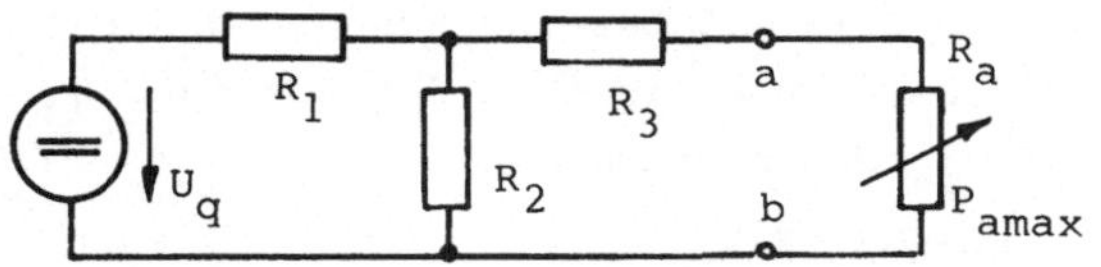

Bild 2.7 Netzwerk

Man muß zunächst bezüglich der Klemmen a und b eine Ersatzquelle bestimmen. Für den Innenwiderstand dieser Ersatzquelle gilt nach /11/

$$R_{iE} = R_3 + \frac{1}{\frac{1}{R_1} + \frac{1}{R_2}}$$

Die Spannungsteilerregel von Gl. (2.11) liefert die Ersatz-Quellenspannung

$$U_{qE} = \frac{U_q}{1 + (R_2/R_1)}$$

und nach /11/ erhält man die verfügbare Leistung

$$P_{amax} = \frac{U_{qE}^2}{4\ R_{iE}}$$

Somit ist der Rechengang

Eingaben	Anzeige
A = 300 + 1/(1/100 + 1/200) ENTER	366.6666667
50/(1 + 200/100) ENTER	16.66666667
^2/4/A ENTER	1.893939394E-01

Anpassung stellt sich somit ein für $R_a = R_{iE}$ = 366,7 Ω, und die verfügbare Leistung beträgt P_{amax} = 0,1894 W.

Beispiel 2.7. Die Schaltung in Bild 2.8 besteht aus den Widerständen R_1 = 10 kΩ, R_2 = 20 kΩ, R_3 = 30 kΩ sowie einem Varistor, der die Spannungskennlinie $U_a = 270\ (V/A)\ I_a^{0,19}$ aufweist. Sie liegt an der Spannung U = 220 V. Welche Leistung wird in dem Widerstand R_a umgesetzt?

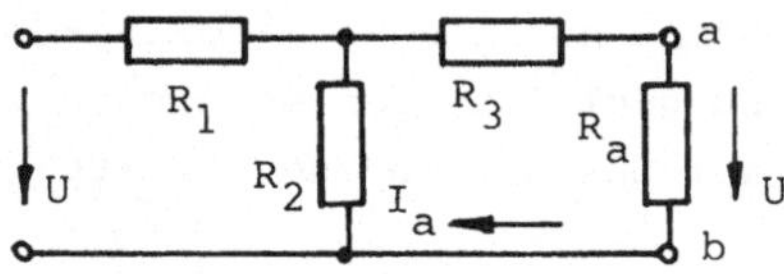

Bild 2.8 Netzwerk mit Varistor R_a

Man muß die Schaltung zunächst für die Klemmen a und b in eine Ersatzquelle umwandeln. Wir dürfen hier die Werte von Beispiel 2.6 (also R_{iE} = 36,67 kΩ) übernehmen, wenn noch die Quellenspannung proportional auf U_{qE} = 220 V·16,67 V/50 V = 73,35 V umgerechnet wird. Mit dem Quellenstrom $I_{qE} = U_{qE}/R_{iE}$ = 73,35 V/(36,67 kΩ) = 2 mA kann man die Quellenkennlinie Q mit

$I_a = I_{qE} - U_a/R_{iE} = 2\ mA - U_a/(36{,}67\ k\Omega)$ von Bild 2.9 zeichnen. Für die Lastkennlinie L mit $I_a = U_a/(270\ V/A)^{1/0{,}19}$ des Varistors berechnet man einige Punkte mit Tafel 2.10 und dem fortgesetzten Rechengang

Eingaben		Anzeige
A = 1/270	ENTER	3.703703704E-03
B = 1/.19	ENTER	5.263157895
(25 *A)^B	ENTER	3.638543761E-06

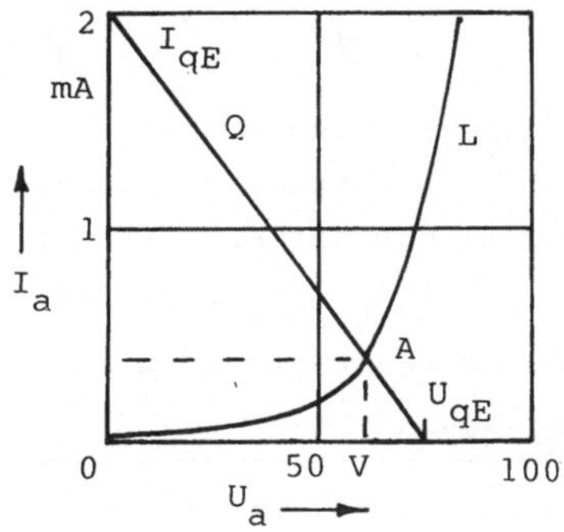

Bild 2.9 Quellen- (Q) und Lastkennlinie (L) mit Arbeitspunkt A für Bild 2.8

Bei diesem nichtlinearen Widerstand stellt sich als Arbeitspunkt A der Schnittpunkt von Quellen- und Lastkennlinie ein. Nach Bild 2.9 liegt er offenbar in der Nähe von U_a = 60 V, so daß man von diesem Wert aus mit der Iteration in Tafel 2.10 beginnen kann. Zur Berechnung eines Punktes der Quellenkennlinie benutzt man z.B. den Rechengang

Eingabe

2E-3 - 60/36.63E3 ENTER

Tafel 2.10 Last- und Quellenkennlinie

U_a in V	I_{aL} in mA	I_{aQ} in mA
25	0,00364	
50	0,1397	
75	1,181	
60	0,3648	0,362
59,8	0,3584	0,3674
59,95	0,3631	0,3634
59,96	0,3635	0,3631

Nach Tafel 2.10 findet man also für den Arbeitspunkt A die beste Näherung U_a = 59,95 V bei I_a = 0,3635 mA. Es wird somit die Leistung $P_a = U_a\ I_a$ = 59,95 V·0,3635 mA = 21,79 mW umgesetzt.

Es wird deutlich, daß in diesem Fall eine Lösung mit einem Rechenprogramm schon erhebliche Vorteile hätte.

Beispiel 2.8. Der Wirkwiderstand R = 20 kΩ liegt in Reihe mit der unbekannten Induktivität L bei der Frequenz f = 600 kHz an der Sinusspannung $\underline{U}$ = 120 V, und es fließt der Strom I = 1,5 mA. Wie groß sind Phasenwinkel φ und Induktivität L?

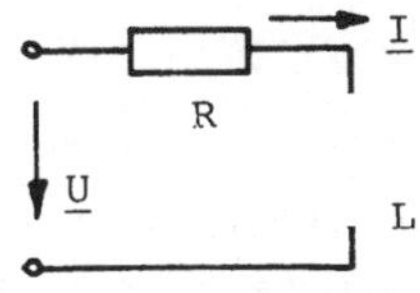

Bild 2.11 RL-Schaltung

Mit dem Scheinwiderstand Z = U/I erhält man nach /11/ den Blindwiderstand

$$X_L = \sqrt{Z^2 - R^2} = \sqrt{(U/I)^2 - R^2}$$

und den Phasenwinkel

$$\varphi = \text{Arctan } X_L/R$$

sowie mit der Kreisfrequenz $\omega = 2\pi f$ die Induktivität

$$L = X_L/\omega = X_L/(2\pi f)$$

Daher benötigt man die Rechengänge

Eingaben	Anzeige
A = √((120/1.5E-3)^2 - 20E3^2) ENTER	77459.66692
ATN (A/20E3) ENTER	75.52248781
A/2π/600E3 ENTER	2.05468148E-02

Bei dem Phasenwinkel $\varphi = 75{,}5^\circ$ liegt also die Induktivität L = 20,55 mH vor.

Beispiel 2.9. Die Schaltung in Bild 2.12 enthält die Wirkwiderstände $R_1 = 20$ kΩ und $R_2 = 5$ kΩ. Wie groß muß der kapazitive Blindwiderstand X_C sein, damit in den beiden Wirkwiderständen die gleichen Wirkleistungen umgesetzt werden?

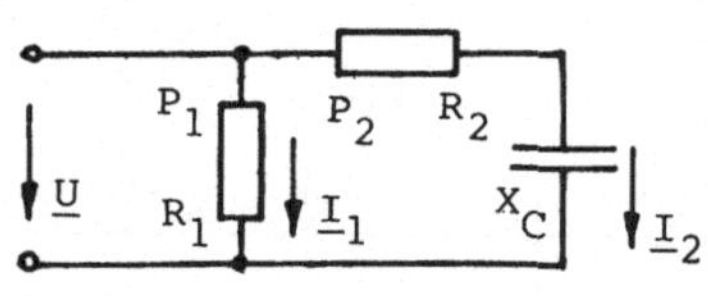

Bild 2.12 RC-Schaltung

Nach /11/ gilt für die Wirkleistungen

$$P_1 = R_1 I_1^2 = P_2 = R_2 I_2^2$$

Die Ströme müssen somit die Bedingung $I_2/I_1 = \sqrt{R_1/R_2}$ erfüllen, und es muß der Scheinwiderstand

$$Z_2 = \frac{U}{I_2} = \frac{U}{I_1}\sqrt{\frac{R_2}{R_1}} = R_1\sqrt{\frac{R_2}{R_1}} = \sqrt{R_1 R_2}$$

bzw. der Blindwiderstand

$$X_C = -\sqrt{Z_2^2 - R_2^2} = -\sqrt{R_1 R_2 - R_2^2} = -\sqrt{R_2(R_1 - R_2)}$$

verwirklicht sein. Man findet ihn über den Rechengang

√(5*(20 - 5)) ENTER 8.660254038

Es ist daher der kapazitive Blindwiderstand $X_C = -8{,}66$ kΩ erforderlich. (Bei der Berechnung wurden das Minuszeichen und die Zehnerpotenz erst im hingeschriebenen Endergebnis berücksichtigt!)

Beispiel 2.10. Ein Verbraucher nimmt an der Sinusspannung U = 220 V bei der Frequenz f = 50 Hz den Strom I = 0,5 A und die Wirkleistung P = 90 W auf. Es sollen die Daten der Parallel-Ersatzschaltung von

Bild 2.13 b, nämlich Wirkwiderstand R, Induktivität L bzw. Kapazität C bestimmt werden.

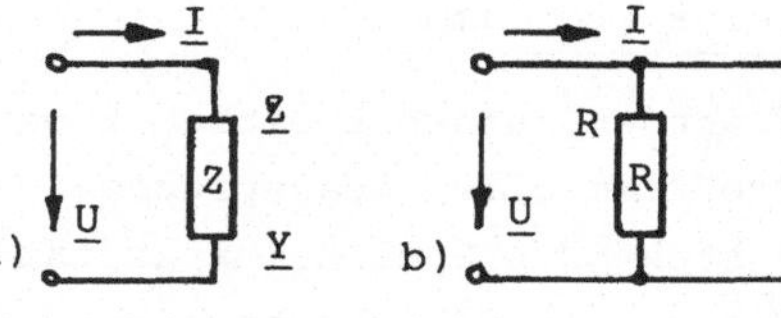

Bild 2.13 Verbraucher (a) und Parallel-Ersatzschaltung (b)

Man kann zunächst den Betrag des Phasenwinkels

$$|\varphi| = \text{Arccos}\ P/(U\ I)$$

bestimmen, über das Vorzeichen mit den vorliegenden Angaben aber nichts aussagen. Für den Wirkwiderstand gilt

$$R = U^2/P$$

sowie für den Blindleitwert

$$B = -\frac{I}{U} \sin |\varphi|$$

und dann mit der Kreisfrequenz $\omega = 2\ \pi\ f$ für eine Induktivität

$$L = -\frac{1}{\omega\ B} = \frac{U}{2\ \pi\ f\ I\ \sin |\varphi|}$$

bzw. für eine Kapazität

$$C = \frac{B}{\omega} = \frac{I\ \sin |\varphi|}{2\ \pi\ f\ U}$$

Somit erhält man den Rechengang

Eingaben	Anzeige
220^2/90 ENTER	537.7777778
A = ACS (90/220/.5) ENTER	35.09680123
B = 2π*50 ENTER	314.1592654
220/B/.5/SIN A ENTER	2.435933865
.5*SIN A/B/220 ENTER	4.159439017E-06

und den Wirkwiderstand R = 537,8 Ω. Es kann sowohl die Induktivität L = 2,436 H als auch die Kapazität C = 4,159 μF vorhanden sein.

3 Kleine Programme

Hier werden zunächst einige Programme mitgeteilt, die relativ wenige Programmzeilen beanspruchen und die wegen der sonst zur Verfügung stehenden Speicherkapazität als kleine Programme bezeichnet werden dürfen. Ihr Aufbau ist daher auch einfach und leicht zu durchschauen, so daß sie gerade dem Anfänger einen bequemen Einstieg ermöglichen.

Man benötigt z.B. einige Hilfsprogramme, die von vorneherein ein sinnvolles Runden der angezeigten Ergebnisse und eine zweckmäßige Ausgabe der Daten ermöglichen.

An sehr kurzen Programmen wird ein möglicher Einsatz des RESERVE-Speichers erläutert. Relativ kurze mathematische Routinen, die auf elektrotechnische Aufgaben günstig angewandt werden können, leiten über zu weiteren kleinen Programmen, die nur in der Elektrotechnik eingesetzt werden.

Diese kleinen Programme können als Beispiele für Unterprogramme dienen, und sie werden auch teilweise als solche angewendet, haben dann auch schon von vorneherein eine hohe Zeilennummer.

Der Anfänger kann auch an ihnen in einfacher Weise die Programmiersprache BASIC kennenlernen, ihre klaren Zuweisungen studieren und so die ersten Programmiererfolge erfahren. Sie sind ohne längere Erklärungen zu verstehen.

3.1 Hilfsprogramme

Die Benutzer BASIC-programmierbarer Taschenrechner können von ihren Programmen einigen Komfort erwarten. Ingenieure müssen darüber hinaus bestimmte Ansprüche an die Ausgabe der berechneten Ergebnisse stellen - z.B. in Hinsicht auf ein ingenieurgerechtes Anzeigeformat oder eine übersichtliche Darstellung in Form von Kurven (für das Plotten s. Teil 2).

Diese Aufgaben erfüllt man zweckmäßig mit Hilfsroutinen, die entweder an einen Rechengang angeschlossen oder unmittelbar als Unterprogramm in ein anderes Programm eingebaut werden können. Es müssen also einige Fragen der Ein- oder Zuordnung von Programmzeilen und Datenregistern sinnvoll gelöst sein, wenn diese Hilfsroutinen universell eingesetzt werden sollen (s.a. Abschn. 1.4).

3.1.1 Runden

Nach DIN 1333 heißt die Dezimalstelle, an der nach dem Runden die letzte Ziffer steht, Rundestelle. Um eine Zahl zu runden, addiert man zur Rundestelle den halben Stellenwert der Rundestelle und läßt in der Summe anschließend die hinter der Rundestelle stehenden Ziffern fort. Die fortgelassenen Stellen sollen nicht durch Nullen ersetzt werden. Deshalb darf das Komma nicht weiter rechts als unmittelbar hinter der Rundestelle stehen.

Beispiel 3.1. Die Zahl 1234,5678 kann z.B. gerundet werden auf 4 Stellen mit 1235 oder 2 Stellen mit $12 \cdot 10^2$.

Nach Beispiel 1.1 runden die SHARP-Taschencomputer unter bestimmten Bedingungen - und leider nicht alle Modelle in gleicher Weise. Mit dem folgenden Beispiel (für andere Rechner u.U. mit geänderten Eingaben) kann man den Rundungs-Algorithmus erkunden.

Beispiel 3.2. Man berechne nacheinander (z.B. mit dem PC-1251)

Eingaben	Anzeigen
a) 123.456 + 1E8 - 1E8 ENTER	123.456
b) 123.456 + 1E9 - 1E9 ENTER	123.45
c) 123.456 + 1E8 ENTER	100000123.5
- 1E8 ENTER	123.5

In Beispiel 3.2 a) und b) wird offenbar noch nicht in der 10. Stelle gerundet; vielmehr wird hiermit nochmals nachgewiesen, daß intern mit 12 Stellen gerechnet wird und darüber hinausgehende Stellen einfach abgeschnitten werden. Nach Beispiel 3.2 c) wird erst bei der Übernahme in das Anzeigeregister (oder jedes andere Datenregister) die 10. Stelle gerundet.

Mit der Anweisung USING können zwar verschiedene Ausgabeformate festgelegt werden, beim Verkürzen der normalerweise 10-stelligen numerischen Ausgabe werden aber nur die hinteren Stellen für die Ausgabe gelöscht, ein ingenieurgerechtes Runden nach DIN 1333 findet jedoch nicht statt. Es müssen daher eigene Rundungsroutinen vorgesehen werden. Wir wenden hier zunächst zwei verschiedene Arten an, die man leicht vielfältig abwandeln kann.

Durch jede aus einem Programm herausführende Rechenoperation kommt man bei den SHARP-Rechnern automatisch wieder auf die 10-stellige Normalanzeige. Bei einer Doppelanzeige (s. Programm 1.5 und 1.6) bringt beispielsweise die Anweisung * den links stehenden Zahlenwert 10-stellig in die Anzeige. Nach der Anweisung 1 ENTER kann man anschließend im Programm weiterrechnen.

3.1.1.1 Festkomma mit einer Nachkommastelle. Für Phasenwinkel oder Angaben in dB (Dezibel) reicht eine Ausgabe des gefundenen Ergebnisses mit einer Nachkommastelle voll aus. Dies sind also Winkel im Bereich $-180{,}0^o \leq \varphi \leq 180{,}0^o$ mit maximal 4 Ziffern. Bei dem logarithmischen Maß Dezibel werden i.allg. auch nicht mehr als 4 Ziffern ausgegeben.

Für das nebenstehende einfache Rundungsprogramm haben wir uns die Erkenntnisse von Beispiel 3.2 zunutze gemacht. Es erfordert allerdings jeweils 2 Datenspeicher, für die hier Y und Z genommen werden. Dieses Run dungsprogramm haben wir also hinten im Programmspeicher untergebracht. Über DEF X und das erweiterte Programm 1.2 kann man auch jeden angezeigten Wert in dieser Art runden.

3.1.1.2 Vierziffriges Exponentialformat. Ein allgemein gültiges Anwenden der Rundungsvorschrift von DIN 1333 erfordert einen etwas größeren Aufwand. Ein mögliches Programm, das außerdem die Ausgabe auf 4 Stellen beschränkt, ist hier als Programm 1.3 angegeben. Über das erweiterte Programm 1.4 und DEF Z kann man auch jeden Wert in der Anzeige auf dieses Format runden.

Beispiel 3.3. Man berechne

Eingaben	Ausgabe
10/6 ENTER	1.666666667
DEF X	1.7
1/6 DEF Z	1.667E-01

Programm 1.1

```
990:Z=1E8+ ABS Y:Y=(Z-1E
    8)* SGN Y: RETURN
```

Programm 1.2

```
985:"X" AREAD Y: GOSUB 9
    90: PRINT Y: END
990:Z=1E8+ ABS Y:Y=(Z-1E
    8)* SGN Y: RETURN
```

Programm 1.3

```
979:Z=X
980:IF Z=0 RETURN
981:Z=(5*10^ INT ( LOG (
    ABS Z)-4)+ ABS Z)*
    SGN Z
982:USING "##.###^":
    RETURN
```

Programm 1.4

```
975:"Z" AREAD Z: GOSUB 9
    81: PRINT Z: END
981:Z=(5*10^ INT ( LOG (
    ABS Z)-4)+ ABS Z)*
    SGN Z
982:USING "##.###^":
    RETURN
```

3.1.2 Ausgabearten

Im Normalfall sollte man anstreben, die in Abschn. 3.1.1 beschriebenen gerundeten Ausgabeformate anzuwenden. Sie ermöglichen auch eine Mehrfachanzeige, also das gleichzeitige Ausgeben mehrerer zusammengehörender Ergebnisse im Display. Dies ist insbesondere wichtig für komplexe Größen, die stets 2 Werte, nämlich Real- und Imaginärkomponente oder Betrag und Winkel, für ihre vollständige Beschreibung benötigen. Für diese wiederkehrenden Hilfsroutinen wird man daher eigene Unterprogramme erstellen. Für den Fall, daß die Rundungsprogramme von Abschn. 3.1.1 zu aufwendig sind, wird hier außerdem noch ein einfacheres Ausgabeprogramm mitgeteilt.

3.1.2.1 Komplexe Größen. Für die Sinusstromtechnik werden meist komplexe Ergebnisse in Komponenten- oder Polarform (s. Abschn. 4 und 6) verlangt. Beide Werte sollten dann nebeneinander in einer Doppelanzeige ausgegeben werden, was man mit dem Trennzeichen (;) erreicht. Um stets das gleiche Unterprogramm einsetzen zu können, wird hier das zugehörige Formelzeichen getrennt vorher angezeigt.

Programm 1.5

```
930:GOSUB 979:X=Z:Z=Y:
    GOSUB 980: PRINT X;"
    J";Z: RETURN
979:Z=X
980:IF Z=0 RETURN
981:Z=(5*10^ INT ( LOG (
    ABS Z)-4)+ ABS Z)*
    SGN Z
982:USING "##.###^":
    RETURN
```

Da das Anzeigeformat noch nach der Anweisung PRINT geändert werden kann, kann man auch beide im Abschn. 3.1.1 beschriebenen gerundeten Ausgabearten nebeneinander einsetzen.

Wir benutzen hier für die Komponentenform mit dem Unterprogramm 1.5 immer das vierziffrige Exponentialformat und trennen Real- und Imaginärteil durch "J". Auf die etwas aufwendige Möglichkeit, das Vorzeichen des Imaginärteils vor das J zu setzen, wird allerdings verzichtet.

Programm 1.6

```
925:GOSUB 990: GOSUB 979
    : PRINT Z;" < ";
    USING ;Y: RETURN
979:Z=X
980:IF Z=0 RETURN
981:Z=(5*10^ INT ( LOG (
    ABS Z)-4)+ ABS Z)*
    SGN Z
982:USING "##.###^":
    RETURN
990:Z=1E8+ ABS Y:Y=(Z-1E
    8)* SGN Y: RETURN
```

Das Unterprogramm 1.6 wird für die Exponential- oder Polarform eingesetzt. Der Betrag wird dann im vierziffrigen Exponentialformat, der Winkel jedoch mit Festkomma und einer Nachkommastelle angegeben. Da griechische Buchstaben oder andere Winkelzeichen nicht zur Verfügung stehen, werden Betrag und Winkel durch das Zeichen < getrennt.

In Teil 2 wird der Betrag der Polarform auch in Dezibel (dB) angegeben, da Amplitudengänge meist mit dieser Einheit dargestellt werden. Dort findet man auch das zugehörige Unterprogramm.

3.1.2.2 Fünfziffriges, nicht gerundetes Exponentialformat. Für Fälle, in denen die in Abschn. 3.1.1 beschriebenen Rundungsprogramme etwas aufwendig erscheinen - z.B. wenn viele Größen nacheinander mit unterschiedlichen Algorithmen zu bestimmen sind - wird hier auch ein einfacheres Ausgabeformat, das nur einmal während des Programmablaufs vorzuschreiben ist, angewandt.

Programm 1.7

```
995:USING "##.####^":
   RETURN
```

Mit den Anweisungen im Unterprogramm 1.7 wird ein fünfziffriges Exponentialformat festgelegt, wobei die letzten 5 Ziffern des errechneten Ergebnisses einfach nicht ausgegeben werden. In diesem Fall kann und sollte der Benutzer selbst auf einen vierziffrigen Wert nach DIN 1333 runden (s. Abschn. 3.1.1), also bei den letzten Ziffern 5 bis 9 die 4. Stelle auf- und sonst abrunden. Dieses Vorgehen wird z.B. beim Herausstellen der Ergebnisse in Beispiel 3.16 gezeigt.

3.2 Sehr kurze Programme

Über die Definable Keys kann man 18 Programme oder Programmsegmente aufrufen, wenn die Marken A bis M nicht als Marken für GOTO-Befehle oder Unterprogramme eingesetzt sind. Diese manchmal zu geringe Anzahl von Programm-Adreßtasten kann man leicht um weitere 18 ergänzen, wenn man den RESERVE-Speicher für sehr kurze Programme, die z.B. Funktionen berechnen sollen, heranzieht.

Man kann nämlich BASIC-Anweisungen (z.B. SIN, COS, TAN, EXP oder andere in Abschn. 1.2 aufgeführte Anweisungen) und andere Befehlsfolgen im RESERVE-Speicher für die Übernahme in den Eingabe- oder den Programmspeicher bereithalten /19/ und mit ihnen auch unmittelbar im Eingabespeicher rechnen. Hierdurch spart man Plätze im Programmspeicher, kann aber ein kleines Programm, ohne es neu eintasten zu müssen, schnell und einfach in den Eingabe- oder den Programmspeicher übertragen.

Wir unterscheiden hier zwei Betriebsarten: Bei den Funktionen mit nur einer Variablen rechnen wir unmittelbar im Eingabespeicher - für die Funktionen mit mehreren Variablen übernehmen wir jedoch das im RESERVE-Speicher befindliche Programm kurzzeitig in den Programmspeicher.

Wir verzichten bei diesen sehr kurzen Programmen auf den Einbau eines ingenieurgerechten Anzeigeformats; dies kann aber nachträglich leicht entsprechend Abschn. 3.1.1 hergestellt werden. Die Programmadressen kann man als "Eselsbrücken" in Anlehnung an die Aufgabe wählen. Wegen der Beschränkung auf 18 Zeichen kann die Wahl jedoch nicht immer optimal sein. Man kann sich hier mit der Programmkennzeichnung durch sicherlich leicht verwechselbare Buchstaben bzw. Tastensymbole zufrieden geben, da man sofort nach dem Aufrufen eines Programms dieses in der Anzeige vorfindet und es umgehend austauschen kann.

3.2.1 Funktionen mit einer Veränderlichen

BASIC-programmierbare Taschenrechner haben meist nicht so viele Tastenfunktionen wie die übrigen Taschenrechner. Daher sollen hier zunächst einige sehr kurze Programme mitgeteilt werden, die gleiches leisten. Die hier zu behandelnden SHARP-Rechner haben außerdem einen RESERVE-Speicher, der gerade für diese kleinen Funktionen eine recht nützliche und flexible Unterstützung bietet.

Im RESERVE-Modus kann man in den RESERVE-Speicher häufig benutzte Ausdrücke oder Befehlsfolgen eingeben (s. Bedienungsanleitungen der verschiedenen Rechner). Sie können über den Befehl SHIFT und die (unteren) 18 Tasten A bis M wieder in den Eingabespeicher zurückgeholt und dann in den Programmspeicher gebracht oder auch im Eingabespeicher unmittelbar verarbeitet werden.

3.2.1.1 Hilfsfunktionen. Es kommt beim manuellen Rechnen häufig vor, daß man zu spät merkt, daß berechnete Werte mehrfach benötigt werden und daher zwischengespeichert werden sollten. Andere Taschenrechner ermöglichen außerdem eine unmittelbare Kehrwertbildung oder das Quadrieren über einen Tastenbefehl. Die für diese Operationen geeigneten folgenden Miniprogramme sind in den sonst i.allg.

nicht belegten Programmzeilen 7 bis 9 untergebracht und können natürlich beliebig fortgelassen, ergänzt oder erweitert werden.

Zwischenspeichern. Das nebenstehende Programm 1.8 benutzt das Datenregister Z und wird über DEF = aufgerufen.

Programm 1.8

```
7:"=" AREAD Z: END
```

Kehrwert. Das Programm wird über DEF K aufgerufen. Es belegt ebenfalls das Datenregister Z.

Programm 1.9

```
8:"K" AREAD Z: PRINT 1
  /Z: END
```

Quadrat. Nach einer Anweisung Z^2 wird tatsächlich $10^{2 \log Z}$ gerechnet, was natürlich etwas länger dauert, aber vor allen Dingen Fehler in den letzten Stellen verursacht (s. Beispiel 1.1). Eine eigene Hilfsfunktion Z*Z ist daher nützlich. Sie wird über die Leerraumtaste, also DEF SPC, aufgerufen und belegt das Datenregister Z.

Programm 1.10

```
9:" " AREAD Z: PRINT Z
  *Z: END
```

Beispiel 3.4. Man löse Beispiel 2.1 durch Anwenden der Kehrwertfunktion von Programm 1.9 und des Rundungsprogramms 1.4.

In diesem Fall ist der Rechengang

Eingaben	Anzeige
1/10 + 1/20 + 1/25 DEF K DEF Z	5.263E 00

Beispiel 3.5. Man bestimme die Lösung zu Beispiel 2.10 mit den Programmen 1.4, 1.8 und 1.10.

Jetzt ist der Rechengang

Eingaben	Anzeige
220 DEF SPC	48400.
/90 DEF Z	5.378E 02
90/220/.5 DEF =	>
ACS Z DEF = SIN Z DEF =	>
220/100/π/.5/Z ENTER	2.435933866
.5*Z/100/π/220 DEF Z	4.159E-06

3.2.1.2 Funktionswerte. Wenn häufig oder viele Funktionswerte berechnet werden sollen, die nur von einer Veränderlichen abhängen und einen kurzen Algorithmus erfordern, kann man diesen im RESERVE-Speicher bevorraten und ihn für eine Berechnung im RUN-Modus in den Eingabespeicher bringen. Dies darf aber nur eine Anweisung sein, die nicht durch Doppelpunkte unterbrochen ist.

Beispiele für geeignete Funktionen enthält Tafel 3.1. Sie könnte beliebig erweitert werden und gibt auch keine Rangfolge wieder; denn jeder Anwender wird für sie besondere Prioritäten setzen und eigene Wünsche verwirklichen wollen.

Tafel 3.1 Programme für Funktionen einer Veränderlichen

Ziel	Nr.	Programmliste
Hyperbelsinus	1.11	(EXP Z-1/EXP Z)/2
Hyperbelcosinus	1.12	(EXP Z+1/EXP Z)/2
Hyperbeltangens	1.13	(1-EXP-2*Z)/(2-(1-EXP-2*Z))
Areahyperbelsinus	1.14	LN(Z + √(Z*Z + 1))
Areahyperbelcosinus	1.15	LN(Z + √(Z*Z - 1))
Areahyperbeltangens	1.16	.5*LN((Z + 1)/(Z - 1))
Spaltfunktion	1.17	(SIN Z)/Z
Pegel in dB	1.18	20*LOG Z
Normzahlen	1.19	10^(1/Z)
Entladefunktion	1.20	A/EXP Z
Ladefunktion	1.21	E(1 - 1/EXP Z)
Addition	1.22	X +
Multiplikation	1.23	X *

Vor der Übernahme des Algorithmus aus dem RESERVE- in den Eingabespeicher muß die Veränderliche Z dem Datenregister Z zugewiesen sein. Das Vorgehen wird anhand der Beispiele deutlich. Die Programme werden nun noch kurz erläutert:

Hyperbelfunktionen. Nach /5/ gilt für diese Funktionen

$$\sinh z = \frac{1}{2}(e^z - e^{-z}) = \frac{1}{2}(e^z - \frac{1}{e^z}) \qquad (3.1)$$

$$\cosh z = \frac{1}{2}(e^z + e^{-z}) = \frac{1}{2}(e^z + \frac{1}{e^z}) \qquad (3.2)$$

$$\tanh z = \frac{\sinh z}{\cosh z} = \frac{e^z - e^{-z}}{e^z + e^{-z}} = \frac{1 - e^{-2z}}{2 - (1 - e^{-2z})} \qquad (3.3)$$

Komplexe Hyperbelfunktionen werden in Abschn. 7.1 behandelt.

Beispiel 3.6. Das Dämpfungsglied nach Bild 3.2 soll den Wellenwiderstand Z = 600 Ω und die Dämpfung a = 0,8 Neper aufweisen. Längswiderstand R und Querleitwert G sollen bestimmt werden.

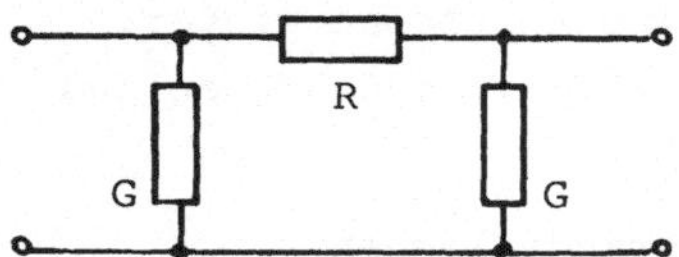

Bild 3.2 Dämpfungsglied

Nach /43/ gilt

$$R = Z \sinh a$$

und

$$G = \frac{1}{Z} \tanh \frac{a}{2}$$

Der RESERVE-Speicher muß also die beiden Programme 1.11 und 1.13 enthalten. Sie werden mit dem Betriebsschalter auf RSV eingegeben. Beim PC-1251 arbeitet man mit

```
SHIFT S (EXPZ-1/EXPZ)/2  ENTER

SHIFT D (1-EXP-2Z)/(2-(1-EXP-2Z))  ENTER
```

Der weitere Rechengang ist im RUN-Modus

Eingaben	Anzeige
Z=.8 ENTER	0.8
SHIFT S	(EXP Z-1/ EXP Z)/2_
ENTER	8.881059822E-01
*600 DEF Z	5.329E 02
Z=.8/2 ENTER	0.4
SHIFT D	-2Z)/(2-(1- EXP -2Z))_
ENTER	3.799489623E-01
/600 DEF Z	6.332E-04

Es müssen somit R = 532,9 Ω und G = 633,2 µS verwirklicht werden.

Areafunktionen. Nach /5/ gilt

$$\text{Arsinh } z = \ln(z + \sqrt{z^2 + 1}) \tag{3.4}$$

$$\text{Arcosh } z = \ln(z + \sqrt{z^2 - 1}) \tag{3.5}$$

$$\text{Artanh } z = \frac{1}{2} \ln \frac{1 + z}{1 - z} \tag{3.6}$$

Spaltfunktion. In der Nachrichtentechnik wendet man u.a. die Spaltfunktion

$$\text{si } z = \frac{\sin z}{z} \tag{3.7}$$

an. Sie muß im Winkelmodus RADIAN berechnet werden. Es muß also vorher über RAD. ENTER der richtige Winkelmodus vorgeschrieben werden, und man darf das Zurückstellen auf DEGREE nicht vergessen.

Beispiel 3.7. Man bestimme si 0,5.

Wir geben im RSV-Modus ein SHIFT S (SINZ)/Z ENTER
und berechnen im RUN-Modus des PC-1251

Eingabe	Anzeige
RAD. ENTER	>
Z=.5 ENTER	0.5
SHIFT S	(SIN Z)/Z_
DEF Z	9.589E-01
DEG. ENTER	>

Es ist also si 0,5 = 0,9589.

Pegel in dB. In der Elektrotechnik sind häufig Spannungsverhältnisse in die Einheit Dezibel umzurechnen. Nach /11/ gilt

$$F_{dB} = 20 \text{ dB} \log F \qquad (3.8)$$

(Für Leistungen wäre 20 durch 10 zu ersetzen.)

Beispiel 3.8. Man rechne F = 35 in F_{dB} um.

Wir geben im RSV-Modus ein SHIFT D 20*LOGZ ENTER
und berechnen im RUN-Modus (wieder PC-1251)

Eingabe	Anzeige
Z=35 ENTER	35.
SHIFT D	20* LOG Z_
DEF X	30.9

Es ist also F_{dB} = 30.9 dB.

Normzahlen. Viele Kennwerte (z.B. Widerstände, Kapazitäten, Drahtdurchmesser, Nennleistungen und -ströme - s. DIN 41 311, 41 431 bis 41 447, 41 572 bis 45 577, 41 660 bis 41 662, 41 668, 41 677, 41 687, 42 500 bis 42 525, 43 620, 43 635, 46 416, 46 460 bis 46 464) sind nach Normzahlreihen entsprechend DIN 323 oder 41 426 - also nach einer geometrischen Reihe - gestuft. Mit der Normzahlreihe kann man auch sehr einfach eine lineare Unterteilung in eine logarithmische Skala zur Basis 10 umbenennen. Den Stufensprung q der Reihen R5 oder R10 wählt man daher auch gern als Frequenzfaktor für Frequenzgänge.

Normzahlreihen bilden nach DIN 323 mit der Anzahl r der Stufen je Dekade und dem Stufensprung

$$q = \sqrt[r]{10} \qquad (3.9)$$

(unendliche) geometrische Reihen, und es gilt für die auf n_m folgende Normzahl

$$n_{m+1} = q\ n_m \qquad (3.10)$$

Die Hauptwerte sind meist auf 1 bis 3 Ziffern (mit beliebiger Zehnerpotenz) gerundet. Bei der Grundreihe R20 ist beispielsweise r = 20 und bei der Reihe E24 entsprechend r = 24.

Beispiel 3.9. Man bestimme die dritte auf 10 folgende Normzahl der Reihe R10.

Wir geben hier im RSV-Modus ein SHIFT N Z=10^(1/Z) ENTER setzen voraus, daß das Rundungsprogramm 1.4 eingetastet ist und befolgen den Rechengang beim PC-1251

Eingabe	Anzeige
Z=10 ENTER	10.
SHIFT N	Z=10^(1/Z)_
ENTER	1.258925412
*10ZZ DEF X	20.

Entladefunktion. Der Entladestrom von Kondensatoren verläuft bei der Zeit t, der Zeitkonstanten T und dem Anfangswert A nach der e-Funktion

$$g(t) = A\ e^{-t/T} \qquad (3.11)$$

Gibt man den Anfangswert X = A vorher ein und faßt den Exponenten Z = t/T zusammen, so kann man auch hier mit der einzigen Veränderlichen Z arbeiten und dem sehr kleinen Programm 1.20. Daß dies für Eingaben nützlich sein kann, zeigt Beispiel 8.2.

Ladefunktion. Das Laden einer Kapazität C oder das Wachsen in der Natur folgen bei der Zeit t, der Zeitkonstante T und dem Endwert E der e-Funktion

$$g(t) = E(1 - e^{-t/T}) \qquad (3.12)$$

Wenn man den Endwert X = E vorher fest eingibt und den Exponenten Z = t/T zusammenfaßt, kann man auch dies als eine Funktion mit nur einer Veränderlichen auffassen und mit dem Miniprogramm 1.21 berechnen. Für eine Anwendung s. Beispiel 8.2.

3.2.1.2 Einfache Tabellen. Tabellenwerte, die sich aus einfachen Additionen, Multiplikationen o.ä. mit einer Veränderlichen , aber sonst festen Werten errechnen lassen, kann man unter Zuhilfenahme von Festwertspeichern sicherlich auch leicht ohne Programmunterstützung bestimmen, indem man den Algorithmus jeweils neu eintastet. Hierbei macht man jedoch relativ leicht Fehler.

Das Nutzen des RESERVE-Speichers für solche Aufgaben spart zwar nur gelegentlich Schritte ein, hilft jedoch solche Fehler zu vermeiden. Es wird hier an einfachen Beispielen gezeigt.

Addition. Gelegentlich kommt es vor, daß man Meßergebnisse u.ä. um bestimmte Werte korrigieren muß. Oder man möchte z.B. mit Gl. (3.11) oder (3.12) eine Funktion für äquidistante Abstände berechnen. In diesen Fällen kann man die sehr kurze Schrittfolge 1.22 von Tafel 3.1 einsetzen. Man kann sie auch leicht vor andere Kurzprogramme schalten.

Wenn man für X negative Werte nimmt, erhält man eine Subtraktion um einen stets gleichen Betrag.

Beispiel 3.10. Die Ströme I_1 = 3,74 A, I_2 = 4,97 A und I_3 = 2,53 A sind um den Betrag ΔI = 0,55 A zu klein gemessen worden. Es müssen die richtigen Werte bestimmt werden.

Mit dem RESERVE-Programm SHIFT A X + ENTER
erhält man den Rechengang für den PC-1251

Eingabe	Anzeige
X = .55 ENTER	0.55
SHIFT A	X+_
3.74 ENTER	4.29
SHIFT A	X+_
4.97 ENTER	5.52
SHIFT A	X+_
2.53 ENTER	3.08

Die Ergebnisse können dem Rechengang unmittelbar entnommen werden.

Multiplikation. Analog zum Programm 1.22 kann man mit der sehr kurzen Schrittfolge 1.23 von Tafel 3.1 Multiplikationen mit einem konstanten Faktor (oder entsprechende Divisionen) vornehmen und so z.B. geometrische Reihen bilden.

Beispiel 3.11. Man berechne die ersten drei auf 20 folgenden Normzahlen der Reihe R40.

Wir wollen das RESERVE-Programm SHIFT M A=AB ENTER und das Rundungsprogramm 1.4 einsetzen und erhalten dann den Rechengang für den PC-1251

Eingaben	Anzeige	
B = 10^(1/40) ENTER	1.059253725	
A = 20 ENTER	20.	
SHIFT M	A=AB_	
ENTER DEF X	21.2	Man findet also die
SHIFT M ENTER DEF X	22.4	Normzahlen 20, 21,2,
SHIFT M ENTER DEF X	23.8	22,4 und 23,8.

Beispiel 3.12. Für Glühlampen mit den Leistungen P = 25 W, 40 W und 60 W soll der Strom I bei Anschluß an die Spannung U = 220 V bestimmt werden.

Für die Leistung gilt nach /11/ P = U I, für den Strom also I = P/U. Daher setzen wir das RESERVE-Programm SHIFT M X* ENTER ein und erhalten mit dem Rundungsprogramm 1.4 den Rechengang

Eingabe	Anzeige	
X = 1/220 ENTER	4.545454545E-03	
SHIFT M	X*_	
25 DEF Z	1.136E-01	
SHIFT M	X*_	Die gesuchten Strö-
40 DEF Z	1.818E-01	me sind wieder dem
SHIFT M	X*_	Rechengang unmittel-
60 DEF Z	2.727E-01	bar zu entnehmen.

3.2.2 Mehrere Veränderliche

Für die sehr kurzen Programme von Abschn. 3.2.1 muß die Variable Z vor dem Übernehmen des Programms aus dem RESERVE- in den Eingabespeicher schon dem Datenregister Z zugewiesen sein. Bei mehreren Veränderlichen ist ein solches Vorgehen nicht mehr sinnvoll, wenn man nicht weiß, welche Speicher zu belegen sind, oder wenn diese Speicher wechseln. Daher wollen wir in diesen Fällen das Programm aus dem RESERVE- in den Programmspeicher übernehmen und dann auch wie ein ganz normales Programm behandeln. (Man kann diese Programme natürlich auch unmittelbar in den Programmspeicher eintasten und sie dann mit etwas mehr Komfort - z.B. einem ingenieurgerechten Ausgabeformat - versehen.)

Bei den hier vorzustellenden Programmen werden die Eingabedaten wie auch sonst in diesem Buch üblich über einen Dialog angefordert und eingegeben, und das Ergebnis wird ausreichend gekennzeichnet angezeigt.

Wegen der recht geringen Kapazität des RESERVE-Speichers kann man in dieser Form nur außerordentlich kurze Programme zwischenspeichern. Auch benötigt man für jede Programmzeile einen eigenen Zugriff, so daß sich Programme, die Sprünge ausführen oder Schleifen bilden und hierfür mehr als eine Programmzeile benötigen, kaum lohnen. Für eine gerundete Anzeige ist ein entsprechendes Programm (z.B. 1.2 oder 1.4) anzuschließen.

Wir sehen für die Aufnahme in den Programmspeicher generell die Programmzeile 1 vor, da sie sonst nicht von anderen Programmen belegt wird, und müssen daher diese 1 vor das Programm im RESERVE-speicher - allerdings ohne den folgenden Doppelpunkt - setzen. Für das Aufrufen im RESERVE- und im RUN-Modus wählen wir den gleichen Buchstaben als Programm-Adreßtaste. Dies schadet auch nicht, wenn schon andere Programmteile im Hauptspeicher diese Marke aufweisen, denn es wird stets nur das vordere Programm mit dieser Marke aufgerufen. (Hinter der Marke braucht auch kein Doppelpunkt zu stehen.) Um für spätere Berechnungen Fehlschaltungen zu vermeiden, sollte nach Beendigung solcher Zwischenrechnungen die Programmzeile 1 wieder gelöscht werden - z.B. im PROGRAMM-Modus über den Befehl 1 ENTER.

Ein für den PC-1251 zweckmäßiges Vorgehen zeigen die folgenden Beispiele; andere Rechner erfordern u.U. andere Befehlsfolgen. Die Beispiele setzen voraus, daß das Rundungsprogramm 1.4 eingetastet ist.

Kapazitiver Blindwiderstand. Eine Kapazität C hat nach /11/ bei der Frequenz f den kapazitiven Blindwiderstand

$$X_C = \frac{-1}{2 \pi f C} \qquad (3.13)$$

Daher gilt das in Beispiel 3.13 angegebene Programm 1.24, das die Datenregister X und Z belegt.

Beispiel 3.13. Welchen Blindwiderstand X_C hat die Kapazität C = 40 nF bei der Frequenz f = 800 Hz?

Der Rechengang ist

Betriebsart	Eingaben	Anzeige
RSV	SHIFT C 1"C"I."XC=-1/	
	(2πFC) F?",Z,"C?",X:P.	
	-.5/π/Z/X ENTER	C:1"C" INPUT "XC=-1/(2πF
PRO	SHIFT C ENTER	1: "C" INPUT "XC=-1/(2πFC
RUN	DEF C	XC=-1/(2πFC) F?
	800 ENTER	C?
	40E-9 ENTER DEF Z	-4.974E 03

Der kapazitive Blindwiderstand beträgt also X_C = - 4,974 kΩ.

Induktiver Blindwiderstand und Kreisfrequenz. Eine Induktivität L hat nach /11/ bei der Frequenz f den induktiven Blindwiderstand

$$X_L = 2 \pi f L \tag{3.14}$$

Für L = 1 H findet man mit dem gleichen Programm auch die Kreisfrequenz

$$\omega = 2\pi f \tag{3.15}$$

Somit erhält man das in Beispiel 3.14 aufgeführte Programm 1.25, das die Datenregister X und Z benutzt.

Beispiel 3.14. Welchen Blindwiderstand X_L hat die Induktivität L = 0,2 H bei der Frequenz f = 50 Hz?

Der Rechengang ist

Betriebsart	Eingaben	Anzeige
RSV	SHIFT L 1"L"I."XL=2πF	
	L F?",Z,"L?",X:P.2πZX	
	ENTER	L:1"L" INPUT "XL=2πFL F?
PRO	SHIFT L ENTER	1:"L" INPUT "XL=2πFL F?"
RUN	DEF L	XL=2πFL F?
	50 ENTER	L?
	.2 ENTER DEF Z	6.283E 01

Der induktive Blindwiderstand ist somit X_L = 62,83 Ω.

3.3 Kleine Programme für Sinusstrom

Einige Aufgaben in der Elektrotechnik erfordern nur kleine, aber recht nützliche Programme. So müssen beim Berechnen elektrischer Schaltungen häufig komplexe Größen aus der Komponenten- in die Polarform und umgekehrt umgerechnet werden. Solche Programme sind daher auch oft Unterprogramme für große Analyseprogramme (s. Abschn. 6).

Daneben findet man mit Zeigerdiagrammen für viele einfachen Aufgaben anschauliche Lösungen; durch Rechnerprogramme kann man die graphischen Verfahren sinnvoll ergänzen und verfeinern. Schließlich sollen hier auch noch kurze Programme für die Resonanztransformation und das Umrechnen unbedingt äquivalenter Schaltungen mitgeteilt werden.

Diese Programme sollen u.a. auch zum eigenen Programmieren anregen. Sie zeigen, wie man einfache Zusammenhänge in Programme umsetzen kann. Das kann auch in vielen anderen Fällen von Nutzen sein.

3.3.1 Umrechnen komplexer Größen

Das Formelzeichen einer komplexen Größe $\underline{A}$ nach Bild 3.3 wird durch den Unterstrich gekennzeichnet. Man kann sie nach /11/ mit dem Realteil a_w = Re $\underline{A}$ und dem Imaginärteil a_b = Im $\underline{A}$ sowie dem Betrag A und dem Phasenwinkel α sowohl in der Komponentenform

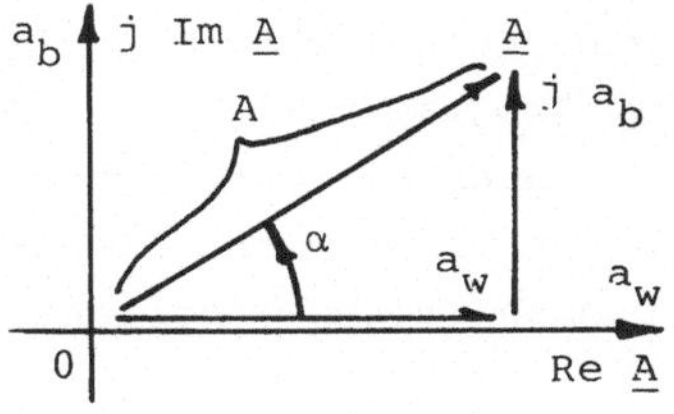

Bild 3.3 Komplexe Größe $\underline{A}$

$$\underline{A} = \text{Re}\,\underline{A} + j\,\text{Im}\,\underline{A} = a_w + j\,a_b$$
$$= A\cos\alpha + j\,A\sin\alpha \qquad (3.16)$$

als auch in der Exponential- oder Polarform

$$\underline{A} = A\,e^{j\alpha} = A\,\underline{/\alpha} = \sqrt{a_w^2 + a_b^2}\;e^{j\,\text{Arctan}\,(a_b/a_w)} \qquad (3.17)$$

angeben. ($\underline{/\alpha}$ liest man als "Versor alpha".)

Die Komponentenform ist insbesondere für komplexe Additionen und Subtraktionen einzusetzen, während für alle übrigen komplexen Operationen die Polarform besser geeignet ist. Gl. (3.16) und (3.17) kann man unmittelbar in Algorithmen zum Umrechnen der einen Form in die andere benutzen.

3.3.1.1 Umrechnung der Komponenten- in die Polarform.

Die Rechenvorschrift für den Betrag

$$A = \sqrt{a_w^2 + a_b^2} \qquad (3.18)$$

kann man unmittelbar in das Programm 1.26 übernehmen. Da eine Division durch Null eine Fehlermeldung verursacht und gleichzeitig die

Polarform den Winkelbereich $-180^o \leq \alpha \leq 180^o$ überstreichen soll, wird hier über Arccos (a_w/A) ein etwas modifizierter Algorithmus eingesetzt.

Das nebenstehende Programm 1.26 ist über DEF V zu starten. Es liefert den Betrag im gerundeten vierziffrigen Exponentialformat und den Winkel nach dem Zeichen < mit einer gerundeten Nachkommastelle (s. Abschn. 3.1.1).

Den eigentlichen Algorithmus ab Programmzeile 960 benötigt man auch als Unterprogramm in allen Programmen, die mit komplexen Größen arbeiten.

3.3.1.2 Umrechnung der Polar- in die Komponentenform. Die Rechenvorschriften

$$\text{Re } \underline{A} = a_w = A \cos \alpha \quad (3.19)$$

und

$$\text{Im } \underline{A} = a_b = A \sin \alpha \quad (3.20)$$

ergeben sich unmittelbar aus Gl. (3.16) und lassen sich auch direkt in das Programm 1.27 übernehmen. Es kann über DEF A gestartet werden und liefert dann Real- und Imaginärteil im gerundeten vierziffrigen Exponentialformat (s. Abschn. 3.1.1.2), wobei vor dem Imaginärteil J steht.

Beispiel 3.15. Die folgenden Berechnungen können zum Testen benutzt werden.

Programm 1.26	Erläuterung
`900:GOSUB 960` `925:GOSUB 990: GOSUB 979 : PRINT Z;" < "; USING ;Y: RETURN`	Ausgabe
`940:"V" INPUT "KOM IN POL RE?",X,"IM?",Y: GOSUB 900: END`	Eingabe
`960:Z=√(X*X+Y*Y): IF Z LET Y= ACS (X/Z)*( SGN Y+(Y=0)):X=Z` `961:RETURN`	Umrechnen Komponenten- in Polarform

`979:Z=X`
`980:IF Z=0 RETURN`
`981:Z=(5*10^ INT ( LOG ( ABS Z)-4)+ ABS Z)* SGN Z`
`982:USING "##.###^": RETURN`
	Runden des Betrags

`990:Z=1E8+ ABS Y:Y=(Z-1E8)* SGN Y: RETURN`	Runden des Winkels

Programm 1.27	
`930:GOSUB 979:X=Z:Z=Y: GOSUB 980: PRINT X;" J";Z: RETURN`	Ausgabe
`950:"A" INPUT "POL IN KOM A?",X,"<?",Y: GOSUB 970: GOSUB 930 : END`	Eingabe
`970:DEGREE :Z=X:X=X* COS Y:Y=Z* SIN Y: RETURN`	Umrechnen

`979:Z=X`
`980:IF Z=0 RETURN`
`981:Z=(5*10^ INT ( LOG ( ABS Z)-4)+ ABS Z)* SGN Z`
`982:USING "##.###^": RETURN`
	Runden

Eingaben	Anzeige
DEF V	KOM IN POL RE?
5 ENTER	IM?
2 ENTER	5.385E 00 < 21.8
DEF V	KOM IN POL RE?
-4 ENTER	IM?
-2 ENTER	4.472E 00 <-153.4
DEF V	KOM IN POL RE?
0 ENTER	IM?
0 ENTER	0.000E 00 < 0.
DEF A	POL IN KOM A?
5 ENTER	<?
-110 ENTER	-1.710E 00 J-4.698E 00

3.3.2 Resonanztransformation

Im einfachen Sinusstromkreis kann man nach /11/ Leistungsanpassung einstellen durch Einhalten der Bedingungen

$$\underline{Z}_a = \underline{Z}_i^* \qquad \text{oder} \qquad \underline{Y}_a = \underline{Y}_i^* \tag{3.21}$$

also

$$R_a = R_i \qquad \text{oder} \qquad G_a = G_i \tag{3.22}$$

und

$$X_a = - X_i \qquad \text{oder} \qquad B_a = - B_i \tag{3.23}$$

Innerer (Index i) und äußerer (Index a) Widerstand $\underline{Z}$ bzw. Leitwert $\underline{Y}$ haben demnach konjugiert komplex zu sein. Wirkwiderstände R und Blindwiderstände X bzw. Wirkleitwerte G und Blindleitwerte B von Quelle und Last müssen also gleich groß sein und die Blindwiderstände bzw. -leitwerte von Quelle und Last noch das entgegengesetzte Vorzeichen, d.h. einen unterschiedlichen Charakter haben. Wenn sich beispielsweise die Quelle induktiv verhält, muß der Verbraucher kapazitiv sein und umgekehrt. Bei Leistungsanpassung wird außerdem bei der Quellenspannung $\underline{U}_q$ bzw. beim Quellenstrom $\underline{I}_q$ die verfügbare Leistung

$$P_{amax} = \frac{U_q^2}{4\,R_i} = \frac{R_i\,I_q^2}{4} \tag{3.24}$$

umgesetzt.

Wenn der Innenwiderstand der Quelle als Wirkwiderstand R_i und der Verbraucherwiderstand ebenfalls als Wirkwiderstand R_a angesehen werden dürfen, aber unterschiedlich groß sind, kann man durch

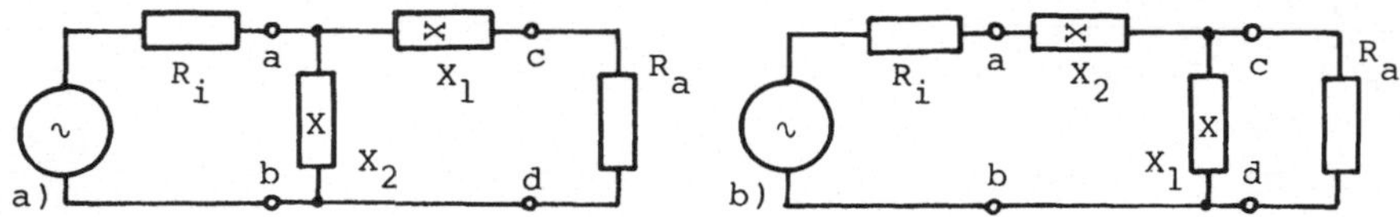

Bild 3.4 Schaltungen zur Resonanztransformation für $R_i > R_a$ (a) und $R_a > R_i$ (b)

Transformationszweitore nach Bild 3.4 mit den Klemmen a bis d Leistungsanpassung erreichen. Ihre Teilwiderstände sind reine Blindwiderstände X_1 und X_2, und die Schaltung von Bild 3.4 a ist für den Fall $R_i > R_a$, die Schaltung von Bild 3.4 b jedoch für $R_a > R_i$ geeignet. In der Schaltung nach Bild 3.4 a muß dann der Blindwiderstand

$$X_1 = \pm \sqrt{R_a(R_i - R_a)} \tag{3.25}$$

sowie in der Schaltung nach Bild 3.4 b

$$X_1 = \pm R_a \sqrt{\frac{R_i}{R_a - R_i}} \tag{3.26}$$

verwirklicht sein. Es können also sowohl Induktivitäten L_1 als auch Kapazitäten C_1 gewählt werden. Der andere Blindwiderstand

$$X_2 = - R_a R_i / X_1 \tag{3.27}$$

muß also den entgegengesetzten Charakter von X_1 haben - zu einer Kapazität C_1 gehört eine Induktivität L_2 und umgekehrt.

Bei der Kreisfrequenz $\omega = 2 \pi f$ muß daher für den Fall, daß $R_i > R_a$ ist und eine Kapazität C_1 gewählt wird, diese

$$C_1 = \frac{1}{2\pi f \sqrt{R_a(R_i - R_a)}} \tag{3.28}$$

sein, und es gilt entsprechend für die Induktivität

$$L_2 = R_a R_i C_1 \tag{3.29}$$

Für die umgekehrte Wahl erhält man entsprechend

$$L_1 = \frac{\sqrt{R_a(R_i - R_a)}}{2\pi f} \tag{3.30}$$

und

$$C_2 = \frac{L_1}{R_a R_i} \tag{3.31}$$

Für den Fall $R_a > R_i$ findet man entsprechend entweder

$$C_1 = \frac{1}{2\,\pi\,f\,R_a}\sqrt{\frac{R_a - R_i}{R_i}} \qquad (3.32)$$

sowie L_2 nach Gl. (3.29) oder

$$L_1 = \frac{R_a}{2\pi\,f}\sqrt{\frac{R_i}{R_a - R_i}} \qquad (3.33)$$

und C_2 nach Gl. (3.31).

Gl. (3.28) bis (3.33) sind einschließlich der Fallunterscheidung für Bild 3.4 a ober b in das Programm 1.28 übersetzt. Es wird mit der Marke "RT" gestartet. Die belegten Datenregister, der Programmaufbau und sein Ablauf ergeben sich unmittelbar aus der Programmliste bzw. aus Beispiel 3.16 und bedürfen somit keiner weiteren Erläuterung.

Beispiel 3.16. Eine Stromquelle mit dem inneren Widerstand R_i = 500 Ω, dem Quellenstrom $\underline{I}_q$ = 15 mA /30° und der Frequenz f = 0,3 MHz soll nach Bild 3.5 auf den Widerstand R_a = 5 kΩ die verfügbare Leistung übertragen. Wie groß müssen Kapazität C und Induktivität L des zwischengeschalteten Transformationszweitors sein? Welche Wirkleistung wird dann auf den Verbraucher R_a übertragen?

Hier ist der Rechengang

Programm 1.28	Erläuterung
`290:"RT" PRINT "RESONANZ TRANSFORMATION": INPUT "RI?",A,"RA?", B,"F?",C:C=2*π*C: GOSUB 995`	Eingabe
`292:INPUT "C1 L1?",D$: IF B>A LET E=B*√(A/(B-A)): GOTO 300`	Wahl der Ausgabegröße
`295:E=√(B*(A-B))`	
`300:IF D$="L1" LET E=E/C : PRINT "L1=";E: PRINT "C2=";E/A/B: GOTO 292`	Ausgabe L_1, C_2
`305:E=1/C/E: PRINT "C1=" ;E: PRINT "L2=";E*A* B:GOTO 292`	Ausgabe C_1, L_2
`995:USING "##.####^": RETURN`	Ausgabeformat

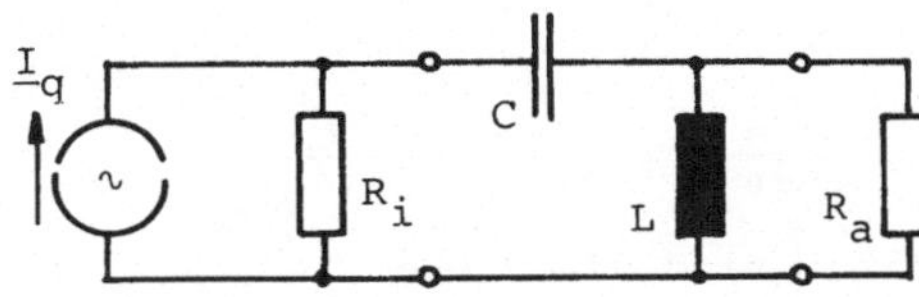

Bild 3.5 Quelle und Verbraucher mit Transformationszweitor

Eingabe	Anzeige
G. "RT" ENTER	RESONANZTRANSFORMATION
ENTER	RI?
500 ENTER	RA?
5000 ENTER	F?

Eingabe	Anzeige
3E5 ENTER	C1 L1?
L1 ENTER	L1=8.8419E-04
ENTER	C2=3.5367E-10

Es können also die Induktivität $L_1 = 8{,}842$ µH zusammen mit der Kapazität $C_2 = 3{,}537$ pF als Transformationszweitor zwischengeschaltet werden. Der Verbraucher nimmt dann nach Gl. (3.24) die Wirkleistung $P_{amax} = I_q^2 R_i/4 = 15^2$ mA$^2 \cdot 500\ \Omega/4 = 28{,}13$ mW auf.

3.3.3 Zeigerdreiecke

Gelegentlich werden 3 Sinusstromgrößen - z.B. in Dreiphasennetzen oder bei den Drei-Spannungsmesser oder Drei-Strommesser-Verfahren - nur betragsmäßig gemessen, und es besteht die Aufgabe, trotzdem ihre Phasenwinkel zu bestimmen. Wenn sie ein Zeigerdreieck bilden, kann man diese graphisch ermitteln. Man erhält so anschauliche und gut zu überprüfende Ergebnisse. Man kann diese relativ groben Werte außerdem durch das Nutzen der für Dreiecke geltenden geometrischen Zusammenhänge numerisch u.U. erheblich und schnell verbessern.

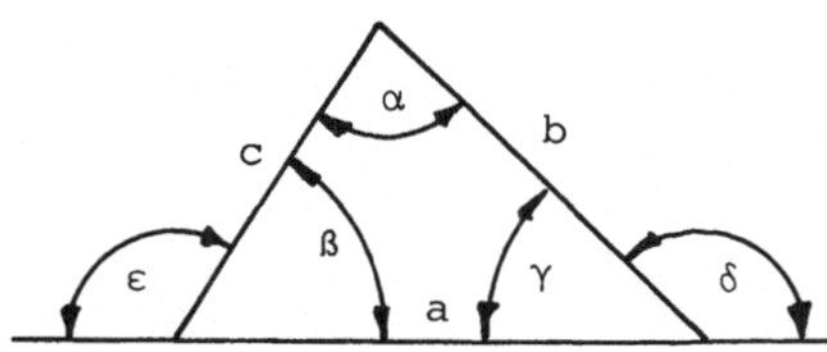

Bild 3.6 Dreieck

Für das Dreieck in Bild 3.6 gelten bei den Dreieckseiten a, b und c und den ihnen gegenüber liegenden Winkeln α, ß und γ der Kosinussatz

$$a^2 = b^2 + c^2 - 2\,b\,c\cos\alpha \tag{3.34}$$

und der Sinussatz

$$\frac{a}{\sin\alpha} = \frac{b}{\sin\beta} = \frac{c}{\sin\gamma} \tag{3.35}$$

Daher sind die Winkel

$$\alpha = \mathrm{Arccos}\,\frac{b^2 + c^2 - a^2}{2\,b\,c} \tag{3.36}$$

$$\beta = \mathrm{Arcsin}\,(\frac{B}{A}\sin\alpha) \tag{3.37}$$

$$\gamma = 180^\circ - \alpha - \beta \tag{3.38}$$

$$\delta = 180^\circ - \gamma \tag{3.39}$$

$$\varepsilon = 180^\circ - \beta \tag{3.40}$$

Mit Gl. (3.34) und (3.35) könnte man auch, wenn 2 Seiten und ein

Winkel gegeben sind, die restlichen Winkel und die 3. Seite bestimmen oder andere Möglichkeiten durchrechnen.

Gl. (3.36) bis (3.40) kann man unmittelbar in das einfache, lineare Programm 1.29 übernehmen. Es wird über die Marke "ZD" gestartet, arbeitet mit den Seiten A, B, C und den entsprechenden Winkeln α bis ε, belegt die Datenregister A bis E und kann ohne weitere Erläuterungen verstanden werden. Hier sind der Einfachheit halber als Anzeigeformat zwei nicht gerundete Nachkommastellen gewählt; die letzte Stelle sollte man daher zum Runden benutzen.

Programm 1.29

```
260:"ZD" INPUT "ZEIGER-D
    REIECK A?",C,"B?",B,
    "C?",A
270:A= ACS ((A*A+B*B-C*C
    )/2/A/B):B= ASN (
    SIN A*B/C):C=180-A-B
    : USING "####.##"
280:PRINT "<A=";A;" <B="
    ;B: PRINT " <C=";C;"
     <D=";180-C: PRINT "
     <E=";180-B: END
```

Beispiel 3.17. In einem Dreiphasennetz werden die Außenleiterspannungen U_{12} = 380 V, U_{23} = 350 V und U_{31} = 400 V gemessen. Es sollen ihre Phasenwinkel bestimmt werden.

Die Spannungszeiger bilden ein geschlossenes Dreieck nach Bild 3.7. Dem Zeigerdiagramm ist eine komplexe Zahlenebene unterlegt, und der Spannungszeiger $\underline{U}_{12}$ wurde willkürlich in die reelle Achse gelegt. Die Seiten A bis B wurden analog zu Bild 3.6, also entsprechend dem gestrichelt eingetragenen Dreieck gewählt. Daher ist der Rechengang

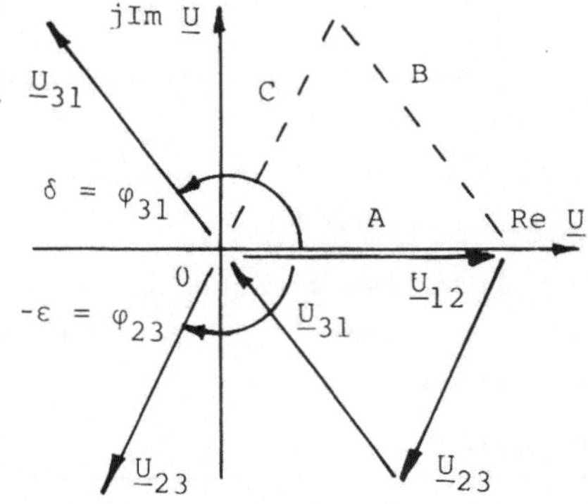

Bild 3.7 Zeigerdiagramm für unsymmetrisches Dreiphasen-Spannungssystem

Eingabe	Anzeige
G. "ZD" ENTER	ZEIGER-DREIECK A?
380 ENTER	B?
400 ENTER	C?
350 ENTER	<A= 60.44 <B= 66.30
ENTER	<C= 53.24 <D= 126.75
ENTER	<E= 113.69

Man kann daher für die komplexen Spannungen angeben (Winkel gerundet)

$\underline{U}_{12} = 380\ V \qquad \underline{U}_{23} = 350\ V\ \underline{/-113,7^o} \qquad \underline{U}_{31} = 400\ V\ \underline{/126,8^o}$

Beispiel 3.18. Drosseln werden gern mit der Schaltung in Bild 3.8 a nach der einfach zu handhabenden Drei-Strommesser-Methode untersucht. Die durch die Strommesser verursachten Spannungsabfälle dürfen dann vernachlässigt werden. Parallel zur zu untersuchenden Drossel liege der Wirkwiderstand $R_1 = 20\ \Omega$. Es werden die Sinusströme $I = 9,95$ A, $I_1 = 5,07$ A und $I_{Dr} = 7,22$ A bei der Frequenz $f = 50$ Hz gemessen. Wirkwiderstand R_{Dr} und Induktivität L_{Dr} der Parallel-Ersatzschaltung sollen ermittelt werden.

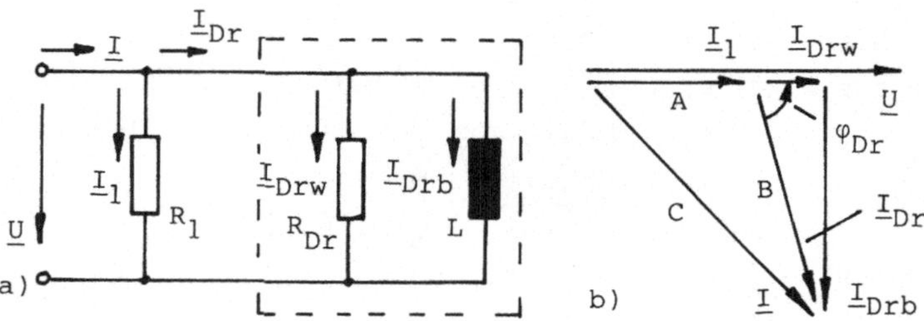

Bild 3.8 Drossel in Drei-Strommesser-Schaltung (a) mit Zeigerdiagramm (b)

Wir entwerfen zunächst das Zeigerdiagramm von Bild 3.8 b, in dem der Phasenwinkel φ_{Dr} bestimmt werden muß. Dies geschieht mit dem Rechengang

Eingaben	Anzeige
G. "ZD" ENTER	ZEIGER-DREIECK A?
5.07 ENTER	B?
7.22 ENTER	C?
9.95 ENTER	<A= 29.19 <B= 43.99
ENTER	<C= 106.80 <D= 73.19

Es ist also $\varphi_{Dr} = 73,2^o$. Dann gilt mit $U = R\ I_1$ für den Widerstand

$$R_{Dr} = \frac{U}{I_{Drw}} = \frac{R\ I_1}{I_{Dr}\cos\varphi_{Dr}}$$

und mit der Kreisfrequenz $\omega = 2\ \pi\ f$ für die Induktivität

$$L = \frac{X_L}{\omega} = \frac{U}{\omega\ I_{Drb}} = \frac{R\ I_1}{2\ \pi\ f\ I_D\ \sin\varphi_{Dr}}$$

Wir rechnen daher weiter

Eingaben	Anzeige
A=20*5.07/7.22 ENTER	14.04432133
/COS73.2 DEF Z	4.859E 01
A/2/π/50/SIN73.2 DEF Z	4.670E-02

Daher sind R_{Dr} = 48,59 Ω und L = 46,7 mH.

3.3.4 Unbedingt äquivalente Schaltungen

Die Schaltungen in Bild 3.9 verhalten sich nach /11/ für jede Frequenz f bzw. Kreisfrequenz $\omega = 2\,\pi\,f$ völlig gleichartig, sind also unbedingt äquivalent, wenn die komplexen Widerstände $\underline{Z}_{1a}$, $\underline{Z}_{2a}$, $\underline{Z}_{1b}$, $\underline{Z}_{2b}$ sowie die komplexen Widerstände $\underline{Z}_{3a}$, $\underline{Z}_{3b}$ untereinander jeweils gleichartig sind, d.h., den gleichen Charakter aufweisen, wenn also z.B. diese Schaltungen die Wirkwiderstände R_{1a}, R_{2a}, R_{1b}, R_{2b} und die Kapazitäten C_{3a}, C_{3b} enthalten. Außerdem müssen die folgenden Bedingungen eingehalten sein.

Bild 3.9 Unbedingt äqivalente Schaltungen

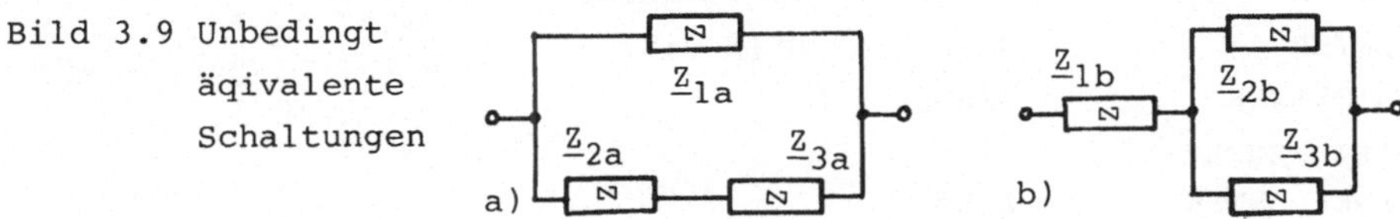

Wenn die Schaltung von Bild 3.9 a in die nach Bild 3.9 b umgerechnet werden soll, muß diese nach /11/ die Scheinwiderstände

$$Z_{1b} = \frac{1}{\frac{1}{Z_{1a}} + \frac{1}{Z_{2a}}} \tag{3.41}$$

$$Z_{2b} = Z_{1a}\,Z_{1b}/Z_{2a} \tag{3.42}$$

$$Z_{3b} = (Z_{1b}/Z_{2a})^2\,Z_{3a} \tag{3.43}$$

aufweisen. Beim umgekehrten Umrechnen von Schaltung b in Schaltung a muß dagegen erfüllt sein

$$Z_{1a} = Z_{1b} + Z_{2b} \tag{3.44}$$

$$Z_{2a} = Z_{1b}\,Z_{1a}/Z_{2b} \tag{3.45}$$

$$Z_{3a} = (Z_{2a}/Z_{1b})^2\,Z_{3b} \tag{3.46}$$

Statt mit Scheinwiderständen kann man in Gl. (3.41) bis (3.46) auch unmittelbar mit Wirkwiderständen R und Induktivitäten L sowie den Kehrwerten 1/C der Kapazitäten C rechnen. Diesen Berechnungsvorschriften folgt das Programm 1.30, das wegen seiner Einfachheit keiner weiteren Erläuterung bedarf.

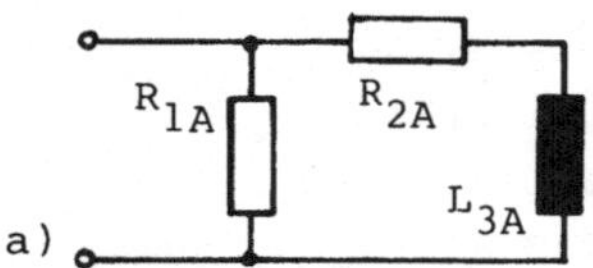

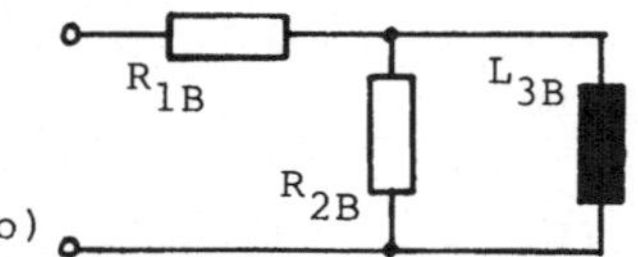

Bild 3.10 Unbedingt äquivalente Schaltungen

Beispiel 3.19. Die Schaltung in Bild 3.10 a besteht aus den Wirkwiderständen R_{1A} = 10 kΩ, R_{2A} = 15 kΩ und der Induktivität L_{3A} = 2 mH; sie soll in die unbedingt äquivalente Schaltung von Bild 3.10 b umgewandelt werden.

Hier ist der Rechengang

Eingaben	Ausgabe
G."UA" ENTER	UNBEDINGT AEQUIVALENT
ENTER	A IN B:A? B IN A:B?
A ENTER	Z1A?
1E4 ENTER	Z2A
15E3 ENTER	Z3A?
2E-3 ENTER	Z1B=6.0000E 03
ENTER	Z2B=4.0000E 03
ENTER	Z3B=3.2000E-04

Man findet also R_{1B} = 6 kΩ, R_{2B} = 4 kΩ und L_{3B} = 0,32 mH.

Programm 1.30

```
320:"UA" PRINT "UNBEDING
    T AEQUIVALENT":
    INPUT "A IN B:A? B I
    N A:B?",A$
325:GOSUB 995: IF A$="B"
    THEN 340
330:INPUT "Z1A?",B,"Z2A?
    ",C,"Z3A?",D:E=1/(1/
    B+1/C)
335:PRINT "Z1B=";E:
    PRINT "Z2B=";E*B/C:
    PRINT "Z3B=";E*E*D/C
    /C: GOTO 320
340:INPUT "Z1B?",B,"Z2B?
    ",C,"Z3B?",D:E=B+C:C
    =E*B/C
345:PRINT "Z1A=";E:
    PRINT "Z2A=";C:
    PRINT "Z3A=";C*C*D/B
    /B: GOTO 320
```

Beispiel 3.20. Die Schaltung in Bild 3.11 a besteht aus den Wirkwiderständen R_1 = 5 kΩ, R_2 = 30 kΩ und den Kapazitäten C_1 = 10 nF und C_2 = 5 nF. Es sollen alle Wirkwiderstände und Kapazitäten der zu ihr unbedingt äquivalenten Schaltungen in Bild 3.11 b und c berechnet werden.

Für die Schaltung in Bild 3.11 b bleibt $R_3 = R_1$ = 5 kΩ, und der Rest der Schaltung ist entsprechend Bild 3.9 b in die Schaltung von Bild 3.9 a umzuwandeln. Mit dem Programm 1.30 findet man den Rechengang

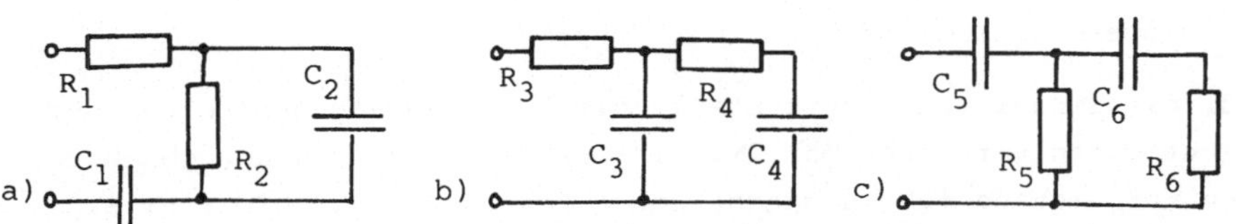

Bild 3.11 Netzwerk (a) mit zwei unbedingt äquivalenten Ersatzschaltungen (b und c)

Eingaben	Anzeige
G. "UA" ENTER	UNBEDINGT AEQUIVALENT
ENTER	A IN B:A? B IN A:B?
B ENTER	Z1B?
1/10E-9 ENTER	Z2B?
1/5E-9 ENTER	Z3B?
30E3 ENTER	Z1A=3.0000E 08
ENTER	Z2A=1.5000E 08
ENTER	Z3A=6.7500E 04

Wir bilden nun noch die gerundeten Kehrwerte

1/3E8 DEF Z	3.333E-09
1/1.5E8 DEF Z	6.667E-09

Daher sind R_4 = 67,5 kΩ, C_3 = 3,333 nF und C_4 = 6,667 nF.

In der Schaltung von Bild 3.11 c bleibt dagegen unverändert C_5 = C_1 = 10 nF, und man erhält wieder über das Programm 1.30

Eingaben	Anzeige
G. "UA" ENTER	UNBEDINGT AEQUIVALENT
ENTER	A IN B:A? B IN A:B?
B ENTER	Z1B?
5E3 ENTER	Z2B?
30E3 ENTER	Z3B?
1/5E-9 ENTER	Z1A=3.5000E 04
ENTER	Z2A=5.8333E 04
ENTER	Z3A=2.7222E 08
1/2.7222E8 DEF Z	3.673E-09

Hier müssen somit sein R_5 = 35 kΩ, R_6 = 5,833 kΩ und C_6 = 3,673 nF.

4 Komplexe Arithmetik

Für die Sinusstromtechnik stellt die komplexe Rechnung eines der wichtigsten Verfahren dar. Mit ihr werden Sinusschwingungen aus dem nur umständlich zu handhabenden Zeitbereich in die viel einfacher zu übersehene komplexe Zahlenebene transformiert. Sie findet daher eine breite Anwendung.

Das komplexe Rechnen verlangt das Beachten einiger Rechenregeln, verlangt aber beim manuellen Rechnen immer noch einigen Aufwand - z.B. das mehrfache Umrechnen von der Komponenten- in die Polarform und umgekehrt (s. Abschn. 3.3.1). Es liegt daher nahe, diese Algorithmen in Rechenprogramme zu übersetzen, so mögliche Fehler auszuschalten und die Berechnung auf diese Weise ganz wesentlich zu beschleunigen.

4.1 Grundlagen

Für die komplexe Größe $\underline{A}$ kennt man nach Abschn. 3.3.1 mit Realteil $a_w = \text{Re}\,\underline{A}$ und Imaginärteil $a_b = \text{Im}\,\underline{A}$ die Komponentenform

$$\underline{A} = \text{Re}\,\underline{A} + j\,\text{Im}\,\underline{A} = a_w + j\,a_b \tag{4.1}$$

sowie mit Betrag A und Phasenwinkel α die Exponential- oder Polarform

$$\underline{A} = A\,e^{j\alpha} = A\,\underline{/\,\alpha} \tag{4.2}$$

In der Elektrotechnik werden hauptsächlich die folgenden komplexen Rechenoperationen benötigt.

Addition. Die komplexe Summe (4.3)

$$\underline{A} + \underline{B} = (\text{Re}\,\underline{A} + \text{Re}\,\underline{B}) + j(\text{Im}\,\underline{A} + \text{Im}\,\underline{B}) = (a_w + b_w) + j(a_b + b_b)$$

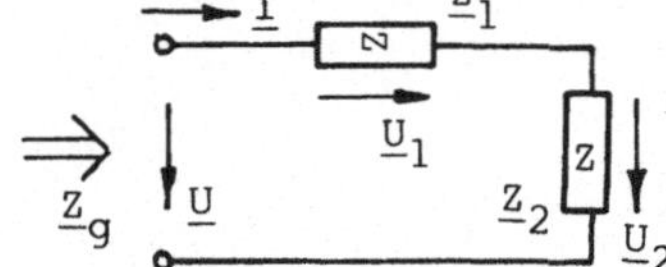

benötigt man z.B. zum Berechnen des komplexen Gesamtwiderstands

$$\underline{Z}_g = \underline{Z}_1 + \underline{Z}_2 \tag{4.4}$$

einer Reihenschaltung nach Bild 4.1.

Bild 4.1 Reihenschaltung

Subtraktion. Die komplexe Differenz (4.5)

$$\underline{A} - \underline{B} = (\text{Re}\,\underline{A} - \text{Re}\,\underline{B}) + j(\text{Im}\,\underline{A} - \text{Im}\,\underline{B}) = (a_w - b_w) + j(a_b - b_b)$$

ist z.B. zu bilden, wenn für die Schaltung in Bild 4.1 bei vorgegebenen Widerstandswerten $\underline{Z}_g$ und $\underline{Z}_1$ der komplexe Teilwiderstand

$$\underline{Z}_2 = \underline{Z}_g - \underline{Z}_1 \qquad (4.6)$$

gesucht wird.

Multiplikation. Das komplexe Produkt

$$\underline{A}\ \underline{B} = A\ B\ \underline{/\alpha + \beta} = (a_w\ b_w - a_b\ a_b) + j(a_w\ b_b + a_b b_w) \qquad (4.7)$$

ermöglicht z.B. das Bestimmen der komplexen Spannung

$$\underline{U}_1 = \underline{Z}_1\ \underline{I} \qquad (4.8)$$

in Bild 4.1 aus komplexem Widerstand $\underline{Z}_1$ und komplexem Strom $\underline{I}$.

Division. Der komplexe Quotient

$$\frac{\underline{A}}{\underline{B}} = \frac{A}{B}\ \underline{/\alpha - \beta} = \frac{(a_w\ b_w + a_b\ b_b) + j(a_b\ b_w - a_w\ b_b)}{b_w^2 + b_b^2} \qquad (4.9)$$

kann z.B. entsprechend umgekehrt zum Berechnen des komplexen Stroms

$$\underline{I} = \underline{U}/\underline{Z} \qquad (4.10)$$

nach dem Ohmschen Gesetz benutzt werden.

Inversion. Der komplexe Kehrwert

$$\frac{1}{\underline{A}} = \frac{1}{A}\ \underline{/-\alpha} = \frac{a_w - j\ a_b}{a_w^2 + a_b^2} \qquad (4.11)$$

wird z.B. beim Bestimmen des komplexen Leitwerts

$$\underline{Y} = 1/\underline{Z} \qquad (4.12)$$

aus dem komplexen Widerstand $\underline{Z}$ benötigt.

Parallelschaltung. Für den Gesamtwiderstand der Parallelschaltung von Bild 4.2 gilt nach /11/ und /44/

$$\underline{Z}_g = \frac{1}{\frac{1}{\underline{Z}_1} + \frac{1}{\underline{Z}_2}} \qquad (4.13)$$

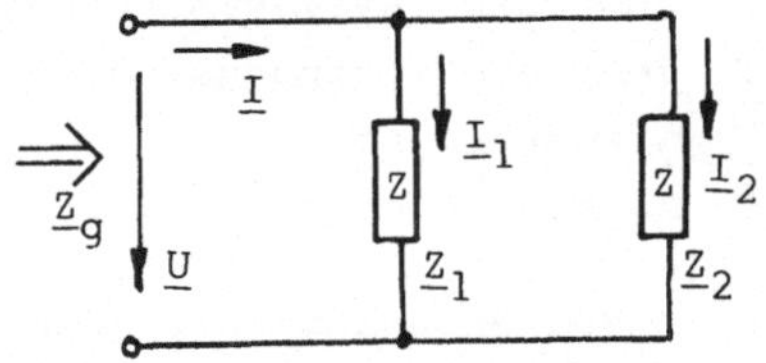

Bild 4.2 Parallelschaltung

Es ist also sinnvoll, eine zugehörige komplexe Operation

$$\underline{C} = \frac{1}{\frac{1}{\underline{A}} + \frac{1}{\underline{B}}} \qquad (4.14)$$

vorzusehen.

Spannungs- und Stromteiler. Für die Teilspannung $\underline{U}_1$ der Schaltung in Bild 4.1 gilt nach /11/ und /44/ und analog zu Gl. (2.11)

$$\underline{U}_1 = \frac{\underline{Z}_1\ \underline{U}}{\underline{Z}_1 + \underline{Z}_2} = \frac{\underline{U}}{1 + (\underline{Z}_2/\underline{Z}_1)} \tag{4.15}$$

sowie für den Teilstrom $\underline{I}_1$ der Schaltung in Bild 4.2

$$\underline{I}_1 = \frac{\underline{Z}_2\ \underline{I}}{\underline{Z}_1 + \underline{Z}_2} = \frac{\underline{I}}{1 + (\underline{Z}_1/\underline{Z}_2)} \tag{4.16}$$

Es wird daher für diese Teiler eine weitere komplexe Operation

$$\underline{D} = \frac{\underline{C}}{1 + (\underline{A}/\underline{B})} \tag{4.17}$$

eingesetzt.

Mit den Beispielen wird gezeigt, daß man mit dieser komplexen Arithmetik auch zusammengesetzte Schaltungen behandeln kann. Weitere Beispiele enthält ferner /20/.

4.2 Programmbeschreibung

Dieses Programm ermöglicht eine numerische Berechnung von Gl. (4.3), (4.5), (4.7), (4.9), (4.11), (4.14) und (4.17), wobei jeweils Eingabe und Anzeige nach Gl. (4.1) oder (4.2) möglich sind. Das Programm fordert hierfür die Eingaben und die Ausgabeart mit den folgenden Kurzzeichen an:

+	komplexe Addition	R	Rückholen aus Speicher
-	komplexe Subtraktion	K	Komponentenform
*	komplexe Multiplikation	E	Exponentialform (Polarform)
/	komplexe Division	W	Wiederholen des Werts
I	komplexe Inversion	A	Amplitude (Betrag)
P	komplexe Parallelschaltung	<	Phasenwinkel
T	komplexe Spannungs- oder Stromteilung	RE	Realteil
		IM	Imaginärteil
S	Zwischenspeichern		

Nach dem Programmstart über DEF C oder GOTO "KOMPLEX" (oder die in Beispiel 1.7 erläuterten Anweisungen) erscheinen im Anschluß an die Programmüberschrift die ersten 8 Zeichen und fordern den Benutzer auf, eine komplexe Rechenoperation oder das Zwischenspeichern des angezeigten Werts durch Eintasten des zugehörigen Zeichens einzuleiten. Anschließend erscheinen die nächsten 4 Zeichen. Durch Eintasten von K oder E wird festgelegt, ob der nächste Wert in Komponenten- oder Exponentialform einzugeben ist.

Durch Eintasten von W wird der gespeicherte letzte komplexe Wert - z.B. aus einer vorhergegangenen Berechnung - als neue Eingabe vermerkt. Hiermit kann z.B. auch das komplexe Quadrat $\underline{A}^2$ gebildet werden. Über R kann ein zwischengespeicherter Wert in den Rechengang zurückgeholt werden. Alle Zahlenwerte und Anweisungen sind nach dem Eintasten mit dem Befehl ENTER in den Rechengang einzuführen.

Die komplexen Ergebnisse werden im gerundeten vierziffrigen Exponentialformat - der Phasenwinkel mit einer Nachkommastelle - ausgegeben, so daß beide Werte (Betrag und Winkel oder Real- und Imaginärteil) nebeneinander in der Anzeige erscheinen. Sie werden in der Komponentenform durch J und in der Polarform durch < voneinander getrennt. Vor der Ausgabe fordert die Anzeige mit E K? dazu auf, über K die Komponentenform oder über E die Polarform für das Ergebnis zu wählen.

Das Programm rechnet und speichert in der Komponentenform und wandelt nur für die Ein- und Ausgabe, wenn dies gewünscht wird, in die Exponentialform um.

Programm 1.31	Erläuterung
`10:"C" PRINT "KOMPLEXES RECHNEN"`	
`20:"KOMPLEX" INPUT "+ - * / I P T S?",A$: GOTO A$`	Wahl der Rechenoperation
`30:"+" GOSUB 140`	komplexe Addition
`35:GOSUB 210`	
`40:INPUT "E K?",C$: IF C$="E" THEN 60`	
`50:GOSUB 930: GOTO 20`	
`60:GOSUB 960: GOSUB 925 : GOSUB 970: GOTO 20`	Ausgabe
`70:"-" GOSUB 140:X=-X:Y =-Y: GOTO 35`	komplexe Subtraktion
`80:"*" GOSUB 140`	komplexe Multiplikation
`85:GOSUB 230: GOTO 40`	
`90:"/" GOSUB 220: GOTO 40`	komplexe Division

```
100:"I" GOSUB 240: GOTO              komplexe Inversion
    40
110:"P" GOSUB 240: GOSUB             komplexe Parallelschaltung
    240: GOSUB 210:
    GOSUB 250: GOTO 40
120:"T" GOSUB 220:X=X+1:             komplexer Spannungs- oder Stromtei-
    GOSUB 250: GOSUB 150             ler
    : GOTO 85
130:"S"T=X:U=Y: GOTO 20              Zwischenspeichern
140:GOSUB 160
150:GOSUB 190
160:INPUT "E K W R?",B$:             Eingabe
    GOTO B$
170:"E" INPUT "A?",X,"<?
    ",Y: GOTO 970
180:"K" INPUT "RE?",X,"I
    M?",Y: RETURN
185:GOSUB 250
190:"W"V=X:W=Y: RETURN               Wiederholen
200:"R"X=T:Y=U: RETURN               Rückholen
210:X=X+V:Y=Y+W: RETURN              komplexe Addition (Unterprogramm)
220:GOSUB 160: GOSUB 240
230:Z=X:X=Z*V-Y*W:Y=Z*W+             komplexe Multiplikation (Unterpro-
    Y*V: RETURN                      gramm)
240:GOSUB 150
250:Z=X*X+Y*Y:X=X/Z:Y=-Y             komplexe Inversion (Unterprogramm)
    /Z: RETURN
925:GOSUB 990: GOSUB 979             Ausgabe in Polarform
    : PRINT Z;" < ";
    USING ;Y: RETURN
930:GOSUB 979:X=Z:Z=Y:               Ausgabe in Komponentenform
    GOSUB 980: PRINT X;"
     J";Z: RETURN
960:Z=√(X*X+Y*Y): IF Z               Umrechnen in Polarform
    LET Y= ACS (X/Z)*(
    SGN Y+(Y=0)):X=Z
961:RETURN
970:DEGREE :Z=X:X=X* COS             Umrechnen in Komponentenform
    Y:Y=Z* SIN Y: RETURN
```

```
979:Z=X                              Runden des Betrags
980:IF Z=0 RETURN
981:Z=(5*10^ INT ( LOG (
   ABS Z)-4)+ ABS Z)*
   SGN Z
982:USING "##.###^":
   RETURN
990:Z=1E8+ ABS Y:Y=(Z-1E             Runden des Winkels
   8)* SGN Y: RETURN
```

Datenregister. A\$, B\$, C\$: Dialogvariable, T,U: Zwischenspeicher, V, W: Rechenspeicher, X, Y: Arbeitsspeicher für komplexe Größen.

4.3 Anwendungen

Die folgenden Anwendungsbeispiele sollen exemplarisch zeigen, wie man die Programmsegmente sinnvoll praktisch einsetzen kann. Sie können auch als Testbeispiele benutzt werden.

Beispiel 4.1. Ein Verbraucher nimmt an der Spannung $\underline{U}$ = 220 V $\underline{/20^{\circ}}$ den Strom $\underline{I}$ = 2,5 A $\underline{/-45^{\circ}}$ auf. Es soll die umgesetzte Leistung bestimmt werden.

Nach /11/ gilt für die komplexe Leistung $\underline{S} = \underline{U}\,\underline{I}^* = P + j\,Q$. Daher erhält man mit $\underline{I} = I\,\underline{/\varphi}$ und $\underline{I}^* = I\,\underline{/-\varphi}$ den Rechengang

Eingaben	Anzeige	Eingaben	Anzeige
DEF C	KOMPLEXES RECHNEN	20 ENTER	E K W R?
ENTER	+ - * / I P T S?	E ENTER	A?
* ENTER	E K W R?	2.5 ENTER	<?
E ENTER	A?	45 ENTER	E K?
220 ENTER	<?	K ENTER	2.324E 02 J 4.985E 02

Es tritt also die Wirkleistung P = 232,4 W und die Blindleistung Q = 498,5 var auf.

Beispiel 4.2. Die Widerstände R = 1 kΩ und X = - 2 kΩ seien a) parallel und b) in Reihe geschaltet. Sie sollen in die jeweils andere Ersatzschaltung nach Bild 4.3 umgerechnet werden.

Bild 4.3 Parallel- (a) und Reihen-Ersatzschaltung (b)

Zu a): Man braucht nur mit dem folgenden Rechengang den komplexen Gesamtwiderstand der Parallelschaltung zu bestimmen:

Eingaben	Ausgabe	Eingaben	Ausgabe
DEF C	KOMPLEXES RECHNEN	0 ENTER	E K W R?
ENTER	+ - * / I P T S?	K ENTER	RE?
P ENTER	E K W R?	0 ENTER	IM?
K ENTER	RE?	-2000 ENTER	E K?
1000 ENTER	IM?	K ENTER	8.000E 02 J-4.000E 02

Die äquivalente Reihenschaltung enthält also den Wirkwiderstand R_r = 800 Ω und den Blindwiderstand X_r = - 400 Ω.

Zu b): Wir bilden zunächst für den komplexen Widerstand $\underline{Z}_r$ = 1 kΩ - j 2 kΩ durch Inversion den Leitwert $\underline{Y}_p = 1/\underline{Z}_r = G_p + j\,B_p$ mit dem Rechengang

Eingaben	Ausgabe	Eingaben	Ausgabe
ENTER	+ - * / I P T S?	1000 ENTER	IM?
I ENTER	E K W R?	-2000 ENTER	E K?
K ENTER	RE?	K ENTER	2.000E-04 J 4.000E-04

und finden dann die reziproken Widerstände über

1/X ENTER DEF Z	4.999E 03
CL -1/Y ENTER	-2500.

Hier betragen daher die Parallel-Ersatzwiderstände R_p = 4,999 kΩ und X_p = - 2,5 kΩ.

Beispiel 4.3. Die Schaltung von Bild 4.4 besteht aus den Widerständen R = 1 kΩ, X_L = 500 Ω und X_C = - 1,5 kΩ und liegt an der Spannung U = 75 V. Es ist der komplexe Strom $\underline{I}$ zu bestimmen.

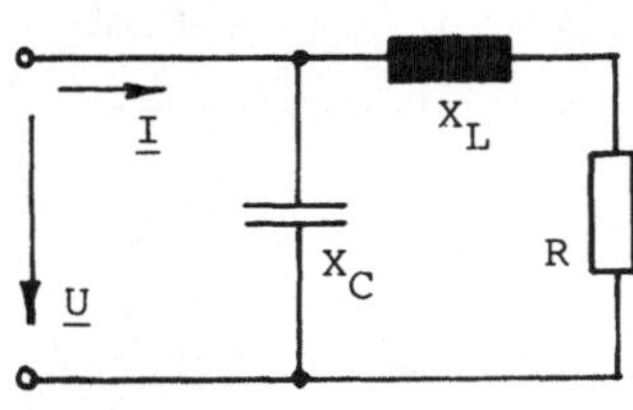

Bild 4.4 Netzwerk

Wir berechnen zunächst den Gesamtwiderstand

$$\underline{Z} = \frac{1}{\frac{1}{j\,X_C} + \frac{1}{R + j\,X_L}}$$

speichern ihn zwischen und bilden dann den Quotienten $\underline{I} = \underline{U}/\underline{Z}$. Daher ist der Rechengang

Eingaben	Ausgabe	Eingaben	Ausgabe
R."KOMPLEX" ENTER	+ - * / I P T S?	ENTER	+ - * / I P T S?
P ENTER	E K W R?	S ENTER	+ - * / I P T S?
K ENTER	RE?	/ ENTER	E K W R?
1000 ENTER	IM?	E ENTER	A?
500 ENTER	E K W R?	75 ENTER	<?
K ENTER	RE?	0 ENTER	E K W R?
0 ENTER	IM?	R ENTER	E K?
-1500 ENTER	E K?	E ENTER	6.325E-02 < 18.4
E ENTER	1.186E 03 <-18.4		

Es fließt also der Strom $\underline{I}$ = 63,25 mA $\underline{/18,4^{\circ}}$.

Beispiel 4.4. Die Schaltung in Bild 4.5 soll mit dem komplexen Widerstand $\underline{Z}_1$ = 2 kΩ $\underline{/26^{\circ}}$ den komplexen Eingangswiderstand $\underline{Z}_e$ = 1,5 kΩ $\underline{/35^{\circ}}$ bilden. Wie groß muß dann der Widerstand $\underline{Z}_2$ sein?

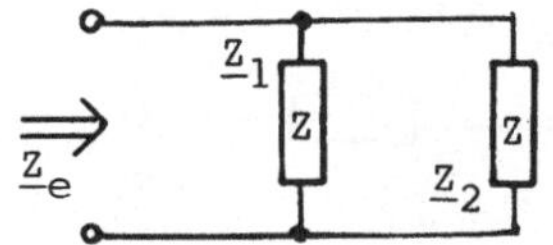

Bild 4.5 Parallelschaltung

Nach /11/ und /44/ gilt für den gesuchten komplexen Widerstand

$$\underline{Z}_2 = \frac{1}{\frac{1}{\underline{Z}_e} - \frac{1}{\underline{Z}_1}}$$

Man findet daher das Ergebnis mit dem Programm für Parallelschaltungen, wenn man $\underline{Z}_1$ mit negativem Vorzeichen einführt. Somit ist der Rechengang

Eingaben	Ausgabe	Eingaben	Ausgabe
DEF C	KOMPLEXES RECHNEN	35 ENTER	E K W R?
ENTER	+ - * / I P T S?	E ENTER	A?
P ENTER	E K W R?	-2000 ENTER	<?
E ENTER	A?	26 ENTER	E K?
1500 ENTER	<?	E ENTER	5.272E 03 < 59.4

und das Ergebnis $\underline{Z}_1$ = 5,272 kΩ $\underline{/59,4^{\circ}}$.

Wir können auch zunächst die komplexen Leitwerte $1/\underline{Z}_1$ und $1/\underline{Z}_e$, anschließend ihre Differenz und dann die Inversion bilden. Hierfür erhält man den Rechengang

Eingaben	Ausgabe
ENTER	+ - * / I P T S?
- ENTER	E K W R?
E ENTER	A?
1/1500 ENTER	<?
-35 ENTER	E K W R?
E ENTER	A?
1/2000 ENTER	<?

Eingaben	Ausgabe
-26 ENTER	E K?
E ENTER	1.897E-04 <-59.4
ENTER	+ - * / I P T S?
I ENTER	E K W R?
W ENTER	E K?
E ENTER	5.272E 03 < 59.4

mit dem gleichen Ergebnis.

Beispiel 4.5. Die Schaltung in Bild 4.6 enthält die Wirkwiderstände R_1 = 10 Ω und R_2 = 40 Ω sowie die Kapazität C = 1,1 µF und die Induktivität L = 2,54 mH. Sie liegt an der Sinusspannung U_e = 22 V bei der Frequenz f = 5 kHz. Es soll die komplexe Ausgangsspannung $\underline{U}_a$ bestimmt werden.

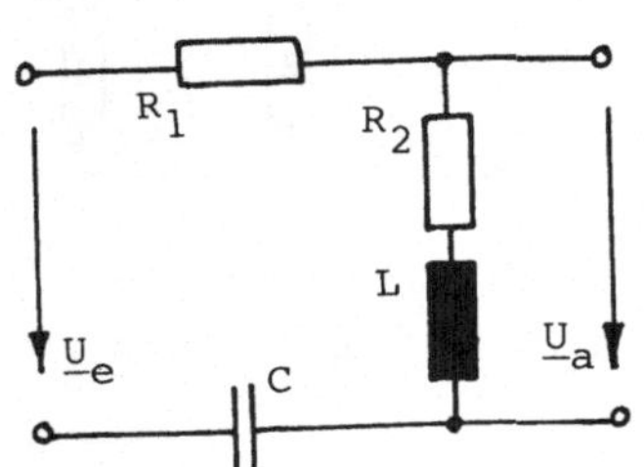

Bild 4.6 Spannungsteiler

Wir haben die beiden komplexen Widerstände

$$\underline{Z}_1 = R_1 - j\,\frac{1}{2\,\pi\,f\,C}$$

und

$$\underline{Z}_2 = R_2 + j\,2\,\pi\,f\,L$$

Mit der Spannungsteilerregel gilt

$$\underline{U}_a = \frac{\underline{Z}_2\,\underline{U}_e}{\underline{Z}_1 + \underline{Z}_2} = \frac{\underline{U}_e}{1 + (\underline{Z}_1/\underline{Z}_2)}$$

Es ist Gl. (4.15) anzuwenden und somit der Rechengang

Eingaben	Ausgabe
DEF C	KOMPLEXES RECHNEN
ENTER	+ - * / I P T S?
T ENTER	E K W R?
K ENTER	RE?
10 ENTER	IM?
-1/2π/5E3/1.1E-6 ENTER	E K W R?
K ENTER	RE?
40 ENTER	IM?
2π*5E3*2.54E-3 ENTER	E K W R?

Eingabe	Ausgabe
E ENTER	A?
22 ENTER	<?
0 ENTER	E K?
E ENTER	2.753E 01 < 17.9

Es herrscht daher die Ausgangsspannung $\underline{U}_a$ = 27,53 V $\underline{/17{,}9^\circ}$.

Beispiel 4.6. Die Schaltung von Bild 4.7 besteht aus den komplexen Widerständen $\underline{Z}_1 = 10\ \Omega + j\ 5\ \Omega$, $\underline{Z}_2 = 20\ \Omega - j\ 10\ \Omega$ und $\underline{Z}_3 = 30\ \Omega + j\ 20\Omega$, und es fließt der komplexe Strom $\underline{I} = (2 + j\ 3)$ A. Es sollen a) der komplexe Strom $\underline{I}_2$ und b) die umgesetzte komplexe Leistung $\underline{S}$ bestimmt werden.

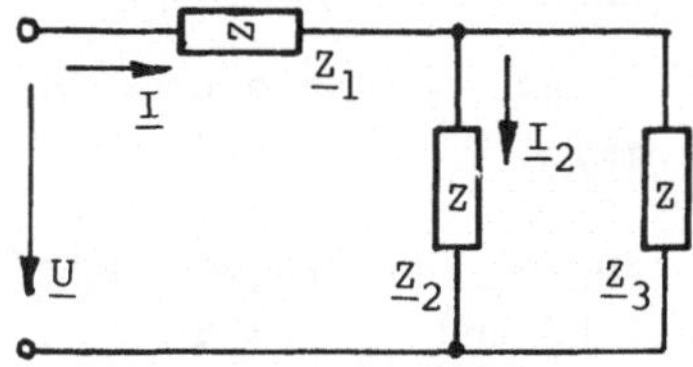

Bild 4.7 Netzwerk

Zu a): Für den Strom

$$\underline{I}_2 = \frac{\underline{I}}{1 + (\underline{Z}_2/\underline{Z}_3)}$$

ist Gl. (4.16) anzuwenden. Sie erfordert den Rechengang

Eingaben	Anzeige
DEF C	KOMPLEXES RECHNEN
ENTER	+ - * / I P T S?
T ENTER	E K W R?
K ENTER	RE?
20 ENTER	IM?
-10 ENTER	E K W R?
K ENTER	RE?
30 ENTER	IM?

Eingabe	Ausgabe
20 ENTER	E K W R?
K ENTER	RE?
2 ENTER	IM?
3 ENTER	E K?
E ENTER	2.550E 00 < 78.7

Es fließt also der Strom $\underline{I}_2 = 2{,}55$ A $\underline{/78{,}7^\circ}$.

Zu b): Für die komplexe Leistung gilt nach /11/ mit $\underline{U} = \underline{Z}\ \underline{I}$

$$\underline{S} = p + j\ Q = \underline{U}\ \underline{I}^* = \underline{Z}\ \underline{I}\ \underline{I}^* = \underline{Z}\ I^2$$

Man muß also den komplexen Gesamtwiderstand

$$\underline{Z} = \underline{Z}_1 + \frac{1}{\frac{1}{\underline{Z}_2} + \frac{1}{\underline{Z}_3}}$$

bestimmen. Mit $\underline{I} = (2 + j\ 3)$ A $= 3{,}61$ A $\underline{/56{,}3^\circ}$ erhält man den Rechengang

Eingaben	Ausgabe
ENTER	+ - * / I P T S?
P ENTER	E K W R?
K ENTER	RE?
20 ENTER	IM?
-10 ENTER	E K W R?
K ENTER	RE?
30 ENTER	IM?

Eingaben	Ausgabe
20 ENTER	E K?
K ENTER	1.577E 01 J-1.154E 00
ENTER	+ - * / I P T S?
+ ENTER	E K W R?
W ENTER	E K W R?
K ENTER	RE?
10 ENTER	IM?

Eingabe	Ausgabe	Eingabe	Ausgabe
5 ENTER	E K?	E ENTER	A?
K ENTER	2.577E 01 J 3.846E 00	3.61^2 ENTER	<?
ENTER	+ - * / I P T S?	0 ENTER	E K?
* ENTER	E K W R?	K ENTER	3.360E 02 J 5.012E 01
W ENTER	E K W R?		

Es wird somit die komplexe Leistung $\underline{S}$ = 336 W + j 50,12 var aufgenommen.

Beispiel 4.7. In der Schaltung von Bild 4.8 mit den Widerständen R_2 = 1 kΩ und X_3 = 3 kΩ soll der Strom $\underline{I}$ = 4 mA $\underline{/30^\circ}$ fließen. Welche Teilwiderstände muß der komplexe Widerstand $\underline{Z}_1$ aufweisen, wenn die Schaltung an der Sinusspannung $\underline{U}$ = 10 V liegt?

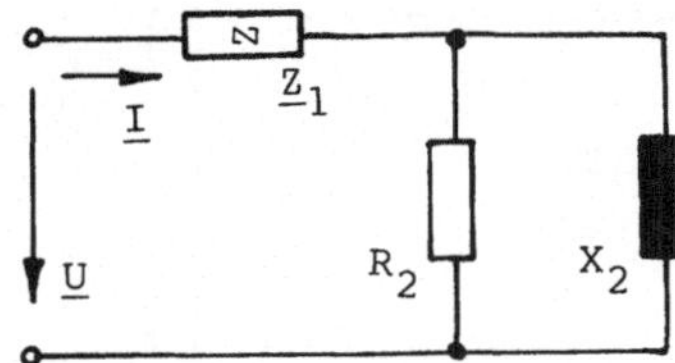

Bild 4.8 Netzwerk

Wir bestimmen zunächst den erforderlichen Gesamtwiderstand

$$\underline{Z}_g = \underline{U}/\underline{I} = 10\ \text{V}/(4\ \text{mA}\ \underline{/30^\circ}) = 2{,}5\ \text{k}\Omega\ \underline{/-30^\circ}$$

und finden dann den gesuchten komplexen Widerstand /11/

$$\underline{Z}_1 = \underline{Z}_g - \underline{Z}_2 = \underline{Z}_g - \frac{1}{\frac{1}{R_2} + \frac{1}{j X_2}}$$

mit dem Rechengang

Eingaben	Ausgabe	Eingaben	Ausgabe
DEF C	KOMPLEXES RECHNEN	K ENTER	9.000E 02 J 3.000E 02
ENTER	+ - * / I P T S?	ENTER	+ - * / I P T S?
P ENTER	E K W R?	S ENTER	+ - * / I P T S?
K ENTER	RE?	- ENTER	E K W R?
1E3 ENTER	IM?	E ENTER	A?
0 ENTER	E K W R?	2500 ENTER	<?
K ENTER	RE?	-30 ENTER	E K W R?
0 ENTER	IM?	R ENTER	E K?
3E3 ENTER	E K?	K ENTER	1.265E 03 J-1.550E 03

Daher sind die Widerstände R_1 = 1,265 kΩ und X_2 = - 1,55 kΩ (also eine Kapazität) erforderlich.

Beispiel 4.8. Die Schaltung in Bild 4.9 a besteht aus Wirkwider-

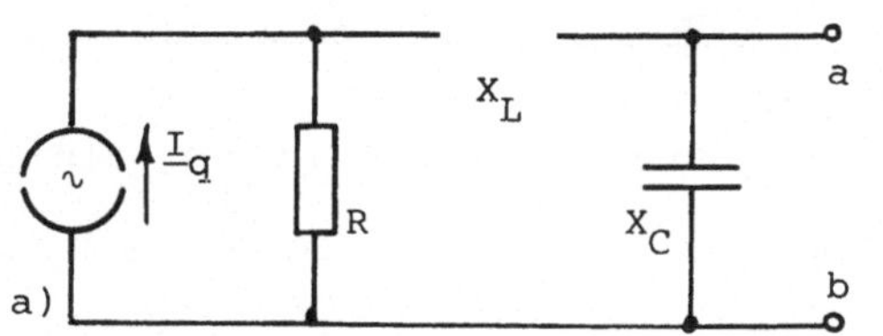

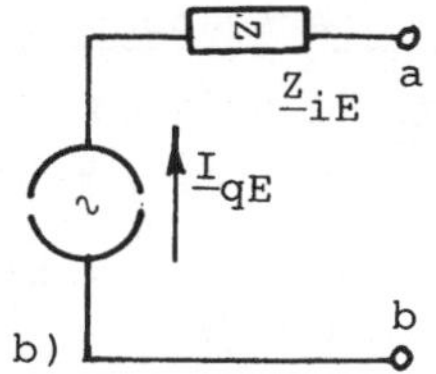

Bild 4.9 Netzwerk (a) mit Ersatzstromquelle (b)

stand R = 5 kΩ und den Blindwiderständen X_L = 10 kΩ und X_C = - 20 kΩ. Es fließt der Strom $\underline{I}_q$ = 10 mA. Für die Klemmen a und b sollen komplexer Ersatz-Quellenstrom $\underline{I}_{qE}$ und komplexer Ersatz-Innenwiderstand $\underline{Z}_{iE}$ der Ersatzstromquelle nach Bild 4.9 b bestimmt werden.

Nach /11/ und /44/ ist der Ersatz-Quellenstrom $\underline{I}_{qE}$ identisch mit dem Kurzschlußstrom $\underline{I}_{abk}$ zwischen den Klemmen a und b. Es gilt also

$$\underline{I}_{qE} = \underline{I}_{abk} = \frac{\underline{I}_q}{1 + (j\ X_L/R)}$$

und man erhält mit dem Rechengang

Eingaben	Ausgabe	Eingaben	Ausgabe
DEF C	KOMPLEXES RECHNEN	5E3 ENTER	IM?
ENTER	+ - * / I P T S?	0 ENTER	E K W R?
T ENTER	E K W R?	K ENTER	RE?
K ENTER	RE?	1E-2 ENTER	IM?
0 ENTER	IM?	0 ENTER	E K?
1E4 ENTER	E K W R?	E ENTER	4.472E-03 <-63.4
K ENTER	RE?		

den Ersatzquellenstrom $\underline{I}_{qE}$ = 4,472 mA $\underline{/- 63,4^{o}}$.

Der innere Ersatzwiderstand

$$R_{iE} = \frac{1}{\frac{1}{j\ X_C} + \frac{1}{R + j\ X_L}}$$

ist gleich dem Widerstand zwischen den Klemmen a und b, wobei der Widerstand der idealen Stromquelle nach /11/ und /45/ als unendlich groß anzusehen ist. Somit ist der Rechengang

Eingaben	Ausgabe	Eingaben	Ausgabe
ENTER	+ - * / I P T S?	1E4 ENTER	E K W R?
P ENTER	E K W R?	K ENTER	RE?
K ENTER	RE?	0 ENTER	IM?
5E3 ENTER	IM?	-2E4 ENTER	E K?

Eingabe	Ausgabe
E ENTER	2.000E 04 < 36.9
DEF A	POL IN KOM A?

Eingabe	Ausgabe
2E4 ENTER	<?
36.9 ENTER	1.599E 04 J 1.201E 04

Es beträgt also der Ersatz-Innenwiderstand $\underline{Z}_{iE} = 20\ k\Omega\ \underline{/36{,}9^o} = (15{,}99 + j\ 12{,}01)\ k\Omega$.

Beispiel 4.9. Ein Dreiphasenverbraucher ist nach Bild 4.10 in Dreieck geschaltet /11/, /46/. Er besteht aus den komplexen Widerständen $\underline{Z}_{12} = 50\ \Omega\ \underline{/60^o}$, $\underline{Z}_{23} = 25\ \Omega\ \underline{/30^o}$ und $\underline{Z}_{31} = 40\ \Omega\ \underline{/-\ 30^o}$ und liegt an einem Dreileiternetz mit den Außenleiterspannungen $\underline{U}_{12} = 380\ V\ \underline{/-\ 60^o}$, $\underline{U}_{23} = -\ 380\ V$ und $\underline{U}_{31} = 380\ V\ \underline{/60^o}$. Der komplexe Außenleiterstrom $\underline{I}_1$ soll berechnet werden.

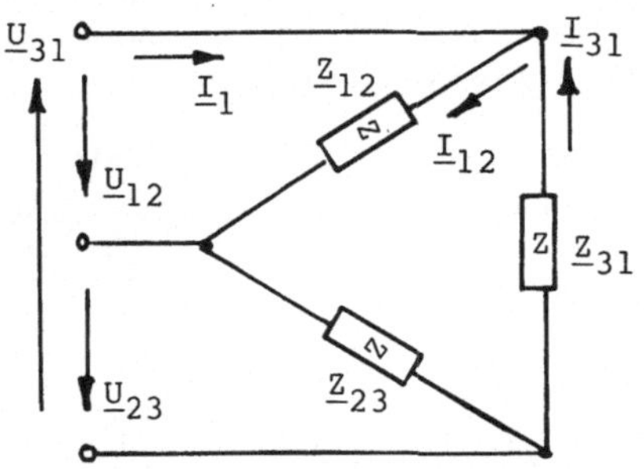

Bild 4.10 Dreiphasenverbraucher

Mit den Strömen $\underline{I}_{12} = \underline{U}_{12}/\underline{Z}_{12}$ und $\underline{I}_{31} = \underline{U}_{31}/\underline{Z}_{31}$ ist nach Bild 4.10 der gesuchte Strom $\underline{I}_1 = \underline{I}_{12} - \underline{I}_{31}$. Daher erhält man den Rechengang

Eingaben	Ausgabe
DEF C	KOMPLEXES RECHNEN
ENTER	+ - * / I P T S?
/ ENTER	E K W R?
E ENTER	A?
380 ENTER	<?
60 ENTER	E K W R?
E ENTER	A?
40 ENTER	<?
-30 ENTER	E K?
E ENTER	9.500E 00 < 90.
ENTER	+ - * / I P T S?
S ENTER	+ - * / I P T S?
/ ENTER	E K W R?

Eingaben	Ausgabe
E ENTER	A?
380 ENTER	<?
-60 ENTER	E K W R?
E ENTER	A?
50 ENTER	<?
60 ENTER	E K?
E ENTER	7.600E 00 <-120.
ENTER	+ - * / I P T S?
- ENTER	E K W R?
W ENTER	E K W R?
R ENTER	E K?
E ENTER	1.652E 01 <-103.3

Mit den Dreieckströmen $\underline{I}_{12} = 7{,}6\ A\ \underline{/-\ 120^o}$ und $\underline{I}_{31} = 9{,}5\ A\ \underline{/90^o}$ fließt also der Außenleiterstrom $\underline{I}_1 = 16{,}52\ A\ \underline{/-\ 103{,}3^o}$.

Beispiel 4.10. Die Brückenschaltung in Bild 4.11 besteht aus den Wirkwiderständen $R_1 = 100\ \Omega$ und $R_2 = 80\ \Omega$ sowie aus den Blindwiderständen X_L = 200 Ω und X_C = - 120 Ω und liegt an der Spannung $\underline{U}$ = 150 V. Es soll die komplexe Ausgangsspannung $\underline{U}_a$ berechnet werden.

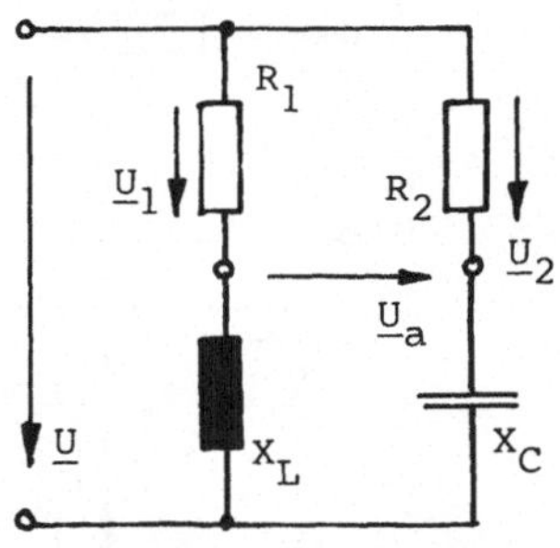

Bild 4.11 Brückenschaltung

Mit Maschen- und Spannungsteilerregel gilt nach /11/ und /45/

$$\underline{U}_a = \underline{U}_2 - \underline{U}_1 = \left(\frac{R_2}{R_2 + jX_C} - \frac{R_1}{R_1 + jX_L}\right)\underline{U}$$

Somit erhält man den Rechengang

Eingaben	Ausgabe	Eingabe	Ausgabe
DEF C	KOMPLEXES RECHNEN	K ENTER	RE?
ENTER	+ - * / I P T S?	80 ENTER	IM?
/ ENTER	E K W R?	0 ENTER	E K W R?
K ENTER	RE?	K ENTER	RE?
100 ENTER	IM?	80 ENTER	IM?
0 ENTER	E K W R?	-120 ENTER	E K?
K ENTER	RE?	K ENTER	3.077E-01 J 4.615E-01
100 ENTER	IM?	ENTER	+ - * / I P T S?
200 ENTER	E K?	- ENTER	E K W R?
K ENTER	2.000E-01 J-4.000E-01	W ENTER	E K W R?
ENTER	+ - * / I P T S?	R ENTER	E K?
S ENTER	+ - * / I P T S?	E ENTER	8.682E-01 < 82.9
/ ENTER	E K W R?	*150	
		DEF Z	1.302E 02

Daher beträgt die gesuchte Spannung $\underline{U}_a$ = 130,2 V $\underline{/82,9^\circ}$.

Beispiel 4.11. Die Schaltung in Bild 4.12 a besteht aus den komplexen Widerständen $\underline{Z}_1$ = 6 Ω $\underline{/-30^\circ}$, $\underline{Z}_2$ = j 4 Ω, $\underline{Z}_3$ = 17 Ω $\underline{/40^\circ}$, $\underline{Z}_4$ = 2 Ω und $\underline{Z}_5$ = 4 Ω $\underline{/35^\circ}$. Es soll das komplexe Spannungsverhältnis $\underline{U}_a/\underline{U}_e$ bestimmt werden.

Man kann das Knotenpunktpotentialverfahren (s. Abschn. 6.1.1) unmittelbar auf die umgewandelte Schaltung in Bild 4.12 b anwenden und findet dann nach /11/ die Matrizengleichung

$$\begin{bmatrix} (\underline{Y}_1 + \underline{Y}_2 + \underline{Y}_4) & -\underline{Y}_2 \\ -\underline{Y}_2 & (\underline{Y}_2 + \underline{Y}_5) \end{bmatrix} \cdot \begin{bmatrix} \underline{U}'_{ba} \\ \underline{U}'_{ca} \end{bmatrix} = \begin{bmatrix} \underline{Y}_1 \underline{U}_e \\ 0 \end{bmatrix}$$

und somit das komplexe Spannungsverhältnis

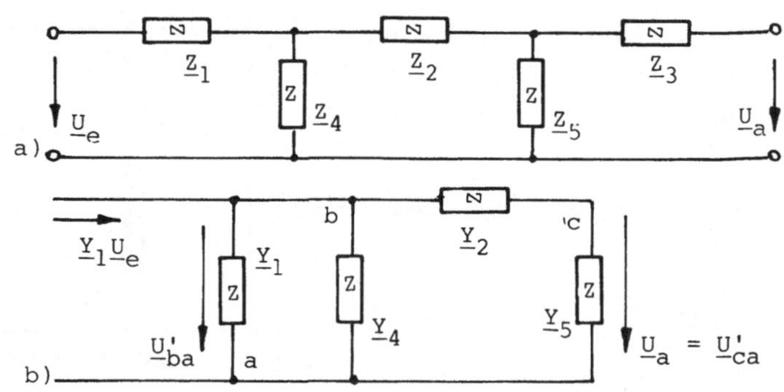

Bild 4.12 Zweitor vor (a) und nach (b) der Umwandlung

$$\frac{\underline{U}_a}{\underline{U}_e} = \frac{\begin{vmatrix} (\underline{Y}_1 + \underline{Y}_2 + \underline{Y}_4) & \underline{Y}_1 \\ -\underline{Y}_2 & 0 \end{vmatrix}}{\begin{vmatrix} (\underline{Y}_1 + \underline{Y}_2 + \underline{Y}_4) & -\underline{Y}_2 \\ -\underline{Y}_2 & (\underline{Y}_2 + \underline{Y}_5) \end{vmatrix}} = \frac{1}{1 + \frac{\underline{Y}_5}{\underline{Y}_2} + \frac{\underline{Y}_5}{\underline{Y}_1} + \frac{\underline{Y}_4}{\underline{Y}_1} + \frac{\underline{Y}_4\,\underline{Y}_5}{\underline{Y}_1\,\underline{Y}_2}}$$

$$= \frac{1}{(1 + \frac{\underline{Z}_1}{\underline{Z}_4})(1 + \frac{\underline{Z}_2}{\underline{Z}_5}) + \frac{\underline{Z}_1}{\underline{Z}_5}}$$

Es erfordert den Rechengang

Eingaben	Ausgabe
DEF C	KOMPLEXES RECHNEN
ENTER	+ - * / I P T S?
/ ENTER	E K W R?
E ENTER	A?
6 ENTER	<?
-30 ENTER	E K W R?
K ENTER	RE?
2 ENTER	IM?
0 ENTER	E K?
K ENTER	2.598E 01 J-1.500E 00
ENTER	+ - * / I P T S?
+ ENTER	E K W R?
W ENTER	E K W R?
K ENTER	RE?
1 ENTER	IM?
0 ENTER	E K?

Eingaben	Ausgabe
K ENTER	3.599E 00 J-1.500E 00
ENTER	+ - * / I P T S?
S ENTER	+ - * / I P T S?
/ ENTER	E K W R?
K ENTER	RE?
0 ENTER	IM?
4 ENTER	E K W R?
E ENTER	A?
4 ENTER	<?
35 ENTER	E K?
K ENTER	5.736E-01 J 8.192E-01
ENTER	+ - * / I P T S?
+ ENTER	E K W R?
W ENTER	E K W R?
K ENTER	RE?
1 ENTER	IM?

Eingaben	Ausgabe	Eingaben	Ausgabe
0 ENTER	E K?	E ENTER	A?
K ENTER	1.574E 00 J 8.192E-01	4 ENTER	<?
ENTER	+ - * / I P T S?	35 ENTER	E K?
* ENTER	E K W R?	K ENTER	6.339E-01 J-1.359E 00
W ENTER	E K W R?	ENTER	+ - * / I P T S?
R ENTER	E K?	+ ENTER	E K W R?
K ENTER	6.894E 00 J 5.870E-01	W ENTER	E K W R?
ENTER	+ - * / I P T S?	R ENTER	E K?
S ENTER	+ - * / I P T S?	K ENTER	7.529E 00 J-7.725E-01
/ ENTER	E K W R?	ENTER	+ - * / I P T S?
E ENTER	A?	I ENTER	E K W R?
6 ENTER	<?	W ENTER	E K?
-30 ENTER	E K W R?	E ENTER	1.321E-01 < 5.9

Daher beträgt das Spannungsverhältnis $\underline{U}_a/\underline{U}_e$ = 0,1321 $\underline{/5,9^\circ}$.

Beispiel 4.12. Für die Schaltung in Bild 4.13 soll bei dem Dämpfungsgrad ϑ = 0,5 die Ortskurve des Frequenzgangs des komplexen Spannungsverhältnisses $\underline{U}_C/\underline{U}$ bestimmt werden.

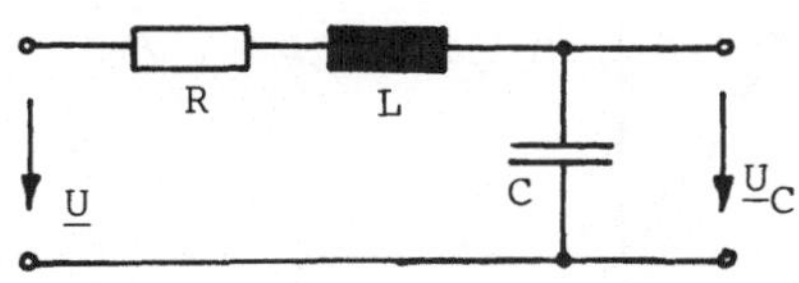

Bild 4.13 Schwingkreis

Man stellt nach /11/ den Frequenzgang zweckmäßig mit dem Parameter relative Frequenz $\Omega = \omega/\omega_0 = f/f_0$ dar. Für den Reihenschwingkreis von Bild 4.13 ist die Kennkreisfrequenz $\omega_0 = 1/\sqrt{L\,C}$ und der Dämpfungsgrad $\vartheta = \omega_0\, C\, R/2$. Man findet dann mit der Spannungsteilerregel nach Gl. (2.11) das Spannungsverhältnis

$$\frac{\underline{U}_C}{\underline{U}} = \frac{-\,j/(\omega\, C)}{R + j\,\omega\, L - j/(\omega\, C)} = \frac{1}{1 + j\,\omega\, C\, R - \omega^2\, L\, C}$$
$$= \frac{1}{1 + j\, 2\,\vartheta\,\Omega - \Omega^2}$$

Wir bestimmen hier einige Punkte der Ortskurve über Tafel 4.14; in Teil 2 werden dagegen mehrere Programme zum direkten Bestimmen von Frequenzgängen mitgeteilt.

Für die ersten 3 Spalten und die Kreisfrequenzwerte 0, 1 und ∞ benötigt man keinen Rechner, da man diese Werte leicht im Kopf

Tafel 4.14 Werte für Ortskurve

Ω	Ω^2	$1 - \Omega^2 + j\,\Omega$	$\underline{U}_C/\underline{U}$
0	0	1	1
0,5	0,25	0,75 + j 0,5	0,9231 - j 0,6154
0,8	0,64	0,36 + j 0,8	0,4678 - j 1,04
1	1	j 1	- j 1
1,25	1,563	-0,563 + j1,25	-0,2996 - j 0,6651
1,5	2,25	- 1,25 + j 1,5	-0,3279 - j 0,3934
		- + j	0

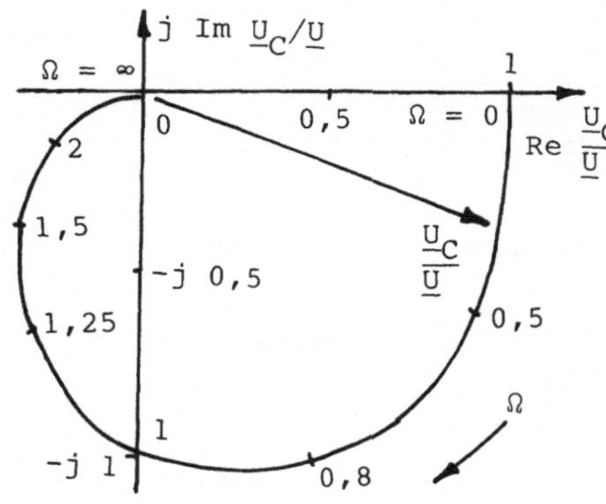

Bild 4.15 Frequenzgang-Ortskurve für Bild 4.13

berechnen kann. Für die übrigen Frequenzen muß man, um die Werte in der 4. Spalte zu erhalten, den Kehrwert einer komplexen Größe bilden, was man zweckmäßig mit dem Programm 1.31 und dem Teil I (Inversion) vornimmt. Aus den so gefundenen Werten kann man schon die Ortskurve des Frequenzgangs in Bild 4.15 zeichnen.

5 Komplexe Gleichungssysteme

Viele technischen Zusammenhänge lassen sich mit Gleichungssystemen besonders einfach und durchsichtig beschreiben. In der Elektrotechnik führt z.B. das Anwenden der Kirchhoffschen Gesetze /11/ auf umfangreiche Netzwerke zu linearen Gleichungssystemen. Auch für Regressionsanalysen mit Polynomen /48/ oder zur numerischen Partialbruchzerlegung kann man Gleichungssysteme einsetzen. Für Sinusstromnetzwerke sind sie i.allg. komplex, und beim Anwenden von Knotenpunktpotential- oder Maschenstromverfahren ist ihre Koeffizientenmatrix symmetrisch. Auf solche Gleichungssysteme wollen wir uns hier beschränken.

Die numerische Mathematik kennt zum Lösen von Gleichungssystemen viele Verfahren /2/, /3/, /5/, /15/, /36/, /40/, /41/, /51/. Wir wenden hier die Gauß-Elimination /2/, /5/ an, da sie gut zu durchschauen ist, einfache Programme ermöglicht /20/ und für die zu betrachtenden Aufgaben voll ausreicht. Es kann daher auch auf eine Pivotsuche /3/ verzichtet werden.

5.1 Grundlagen

Lineare, komplexe Gleichungssysteme der Form

$$\begin{bmatrix} \underline{A}_{11} & \underline{A}_{12} & \cdots & \underline{A}_{1n} \\ \underline{A}_{21} & \underline{A}_{22} & \cdots & \underline{A}_{2n} \\ \vdots & \vdots & \ddots & \vdots \\ \underline{A}_{n1} & \underline{A}_{n2} & \cdots & \underline{A}_{nn} \end{bmatrix} \cdot \begin{bmatrix} \underline{X}_1 \\ \underline{X}_2 \\ \vdots \\ \underline{X}_n \end{bmatrix} = \begin{bmatrix} \underline{A}_{1,n+1} \\ \underline{A}_{2,n+1} \\ \vdots \\ \underline{A}_{n,n+1} \end{bmatrix} \tag{5.1}$$

kann man nach /5/ mit dem Eliminationsverfahren nach Gauß lösen, indem man Gl. (5.1) in das Gleichungssystem

$$\begin{bmatrix} \underline{B}_{11} & \underline{B}_{12} & \cdots & \underline{B}_{1n} \\ 0 & \underline{B}_{22} & \cdots & \underline{B}_{2n} \\ \vdots & \vdots & & \vdots \\ 0 & 0 & \cdots & \underline{B}_{nn} \end{bmatrix} \cdot \begin{bmatrix} \underline{X}_1 \\ \underline{X}_2 \\ \vdots \\ \underline{X}_n \end{bmatrix} = \begin{bmatrix} \underline{B}_{1,n+1} \\ \underline{B}_{2,n+1} \\ \vdots \\ \underline{B}_{n,n+1} \end{bmatrix} \tag{5.2}$$

überführt und die n komplexen Unbekannten $\underline{X}_i = \mathrm{Re}\,\underline{X}_i + j\,\mathrm{Im}\,\underline{X}_i$ mit der letzten Gleichung beginnend durch Rückwärtseinsetzen bestimmt. Das Gleichungssystem wird auf diese Weise jeweils auf Systeme mit (n - 1), (n - 2) usw. Unbekannten reduziert. Hierbei sind die komplexen Koeffizienten $\underline{A}_{ij} = \mathrm{Re}\,\underline{A}_{ij} + j\,\mathrm{Im}\,\underline{A}_{ij}$ und $\underline{B}_{ij} = \mathrm{Re}\,\underline{B}_{ij} +$

j IM $\underline{B}_{ij}$ in rekursiver Weise mit dem Algorithmus

$$\begin{aligned} \underline{B}_{22} &= \underline{A}_{22} - \frac{\underline{A}_{21}}{\underline{A}_{11}} \underline{A}_{12} \\ &\vdots \\ \underline{B}_{n,n+1} &= \underline{B}'_{n,n+1} - \frac{\underline{A}'_{n-1,n}}{\underline{A}'_{n-1,n-1}} \underline{B}'_{n-1,n+1} \end{aligned} \tag{5.3}$$

umzurechnen. Die 1. Zeile in Gl. (5.1) bleibt also unverändert. Dieses Verfahren ist nur auf Systeme von Gleichungen, die voneinander unabhängig sind, anzuwenden. Die Koeffizienten-Determinante muß also verschieden von Null sein. Dieses Verfahren versagt, wenn irgendwann einer der komplexen Koeffizienten $\underline{A}'_{ii}$ bzw. $\underline{B}'_{ii}$ Null wird; dann müßte man eine Pivotsuche /5/ einschieben, auf die hier aber verzichtet wird.

Beim Anwenden der Maschenstrom- oder Knotenpunktpotential-Verfahren (s. Abschn. 6) in der Elektrotechnik für die Netzwerkanalyse /11/, /20/ sowie der Bestimmung symmetrischer Komponenten /46/ ist außerdem die Koeffizienten-Matrix wegen

$$\underline{A}_{ij} = \underline{A}_{ji} \tag{5.4}$$

symmetrisch, so daß die Rechnung erheblich vereinfacht und der Bedarf an Datenregistern entscheidend verringert werden kann.

5.2 Programmbeschreibung

Der Gauß-Algorithmus ermöglicht ein schnelles und einfaches Programm, wenn es gelingt, den Aufruf der Daten durch eine indirekte Adressierung so zu organisieren, daß die Adressen nicht immer neu berechnet werden müssen, sondern sich durch Zähler ergeben. Dies kann man durch Aufruf eines Datenfeldes günstig erreichen, wenn man mit dem Befehl

DIM B(N,N)

stets ein zweidimensionales Datenfeld B(0,0) bis B(N,N) vorschreibt, und es entsprechend Tafel 5.1 belegt. Die Diagonale B(0,0) bis B(N,N) bleibt hierbei frei.

Die reellen Koeffizienten befinden sich im rechten oberen Dreieck und die imaginären im linken unteren. Nach Tafel 5.1 sind also die Koeffizienten

Re $\underline{A}_{i,j}$ in B(i-1,j) und Im $\underline{A}_{i,j}$ in B(j,i-1)

gespeichert und somit leicht aufzufinden bzw. aufzurufen.

Tafel 5.1 Datenfeld für komplexe Gauß-Elimination bei n = 4

0,0	11 0,1	12 0,2	13 0,3	14 0,4	15 0,5
11 1,0		22	23 Re	24 1,4	25 1,5
12 2,0	22		33	34 2,4	35 2,5
13 3,0	23 Im	33		44	45 3,5
14 4,0	24	34	44		4,5
15 5,0	25 5,1	35 5,2	45 5,3	5,4	5,5

← Koeffizienten-Index (obere Zahl)

← Datenfeld-Index (untere Zahl)

Ein Gleichungssystem der Ordnung n beansprucht dann zusätzlich aus dem Hauptspeicher

$$[6 + 8(n + 2^2)] \quad \text{Bytes}$$

bzw. Programmspeicherplätze, so daß man sich anhand der noch freien Programmspeicherplätze ausrechnen kann, welche Gleichungssysteme noch zu lösen sind. Man kann z.B. mit dem PC-1251 komplexe Gleichungssysteme mit symmetrischer Koeffizienten-Matrix und bis zu n = 18 unbekannten komplexen Größen berechnen. In Tafel 5.1 sind die bei n = 4 belegten Speicherplätze eingetragen.

Über R C? fordert der Rechner zunächst die Entscheidung, ob nur reelle (R) oder auch komplexe (C) Größen eingegeben werden sollen; dies vereinfacht u.U. die Eingabe, jedoch nicht die Berechnung, die stets komplex vorgenommen wird.

Die Koeffizienten sind zeilenweise in der Komponentenform einzugeben; sie werden hierfür unmißverständlich (z.B. RE11 oder IM23) aufgerufen - allerdings nicht die im linken unteren Dreieck von Gl. (5.1) stehenden Koeffizienten. Komplexe Größen, die in der Exponentialform vorliegen, können noch während der Eingabe mit Gl. (3.19) und (3.20) einfach in die Komponentenform umgerechnet werden.

Nach der Dateneingabe wird das Gleichungssystem (5.1) in die Form von Gl. (5.2) umgerechnet, wobei die eingesetzten Datenregister überschrieben werden. Anschließend wird jede Unbekannte durch Rückwärtseinsetzen berechnet; ihre Komponenten stehen dann in den Datenregistern von Tafel 5.2.

Tafel 5.2 Datenregister für Ergebnisse

Unbekannte	Realteil	Imaginärteil
$\underline{x}_i$	B(i-1,n+1)	B(n+1,i-1)

Vor der Ausgabe wird über E K? aufgefordert, für sie entweder die Exponentialform (E) oder die Komponentenform (K) vorzuschreiben. Beide werden in einem gerundeten, vierziffrigen Exponentialformat (der Winkel allerdings im Normalformat mit einer gerundeten Nachkommastelle) angezeigt - und zwar Betrag und Winkel (getrennt durch das Zeichen <) oder Real- und Imaginärteil (getrennt durch J) gleichzeitig nebeneinander.

Programm 1.32 — Erläuterung

```
 10:"G": CLEAR : PRINT "
    GLEICHUNGSSYSTEM":
    INPUT "R C?",U$,"N?"
    ,A: GOSUB 660
```

Eingabe der Koeffizienten

```
 20:O$="X": FOR B=1 TO A
 30:FOR C=B TO G:P$=
    STR$ B+ STR$ C:R$="R
    E"+P$: PAUSE R$:
    INPUT B(B-1,C): IF U
    $="R" THEN 50
 40:R$="IM"+P$: PAUSE R$
    : INPUT B(C,B-1)
 50:NEXT C: NEXT B
 60:GOSUB 870: GOTO 10
```

komplexe Division

```
540:GOSUB 600:Z=X*X+Y*Y:
    V=X/Z:W=-Y/Z:E=C+1
560:GOSUB 600
```

komplexe Multiplikation

```
570:Z=X:X=Z*V-Y*W:Y=Z*W+
    Y*V: RETURN
```

Datenaufruf

```
600:X=B(B,E):Y=B(E,B):
    RETURN
610:GOSUB 540
615:V=X:W=Y: RETURN
```

```
630:B(E,C)=B(E,C)-Y              Addition oder Subtraktion
640:X=-X
650:B(C,E)=B(C,E)+X:
    RETURN
660:G=A+1: DIM B(G,G):           Wahl des Datenfeldes
    RETURN
800:FOR B=0 TO A-2               Reduktion des Gleichungssystems
810:FOR C=B+1 TO A-1:E=B
    +1: GOSUB 610
820:FOR E=C+1 TO G:
    GOSUB 560: GOSUB 630
    : NEXT E: NEXT C:
    NEXT B: RETURN
830:FOR D=A-1 TO 0 STEP          Rückwärts-Algorithmus
    -1:B=D:C=A:E=D+1:
    GOSUB 610
840:B(B,E)=V:B(E,B)=W:
    IF D=0 RETURN
850:FOR B=D-1 TO 0 STEP
    -1:E=D+1: GOSUB 560:
    C=B:E=G: GOSUB 630:
    NEXT B: NEXT D:
    RETURN
870:GOSUB 800: GOSUB 830         Hauptprogramm
    : BEEP 1: INPUT "E K
    ?",H$
880:FOR C=1 TO A:B=C-1:
    GOSUB 600: GOSUB 890
    : NEXT C: RETURN
890:R$=O$+ STR$ C+"=":           Ausgabe in
    PRINT R$: IF H$="K"
    THEN 930
900:GOSUB 960
925:GOSUB 990: GOSUB 979         Polarform
    : PRINT Z;" < ";
    USING ;Y: RETURN
930:GOSUB 979:X=Z:Z=Y:           Komponentenform
    GOSUB 980: PRINT X;"
     J";Z: RETURN
```

```
960:DEGREE :Z=√(X*X+Y*Y)        Umrechnen in Polarform
    : IF Z LET Y= ACS (X
    /Z)*( SGN Y+(Y=0)):X
    =Z
961:RETURN
979:Z=X                         Runden von Betrag und Komponenten
980:IF Z=0 RETURN
981:Z=(5*10^ INT ( LOG (
    ABS Z)-4)+ ABS Z)*
    SGN Z
982:USING "##.###^":
    RETURN
990:Z=1E8+ ABS Y:Y=(Z-1E        Runden des Winkels
    8)* SGN Y: RETURN
```

Datenregister. A: n, B bis F, S: Zähler und Zeiger, HØ, UØ, RØ: Stringvariable, T, V bis Y: Arbeitsspeicher, B(i,j): Koeffizienten.

5.3 Anwendungen

Für lineare Gleichungssysteme gibt es in der Elektrotechnik viele Anwendungen /48/. Knotenpunktpotential- und Maschenstrom-Verfahren brauchen hier allerdings nicht ausführlich behandelt zu werden, da Abschn. 6 ein besseres Programm für sie bringt.

Gezeigt wird hier das Bestimmen der symmetrischen Komponenten /46/, so daß sich ein eigenes Programm für sie erübrigt. Spannungen und Ströme in Verteilungsnetzen kann man zwar gut mit dem Knotenpunktpotential-Verfahren bestimmen (s. Beispiel 6.9), hier soll aber noch eine vereinfachte Berechnung behandelt werden.

In Beispiel 5.3 wird das Finden allgemeiner Bestimmungsgleichungen gezeigt sowie in Beispiel 5.4 das Vereinfachen von Matrizengleichungen. Beispiel 5.5 betrachtet schließlich noch eine Schaltung mit einer gesteuerten Stromquelle.

Beispiel 5.1. Man bestimme für das unsymmetrische Dreiphasen-Stromsystem $\underline{I}_1$ = 3 A, $\underline{I}_2$ = $\underline{I}_3$ = 0 die symmetrischen Komponenten.

Nach /46/ gilt mit $\underline{a}$ = $\underline{/120^\circ}$ = - 0,5 + j sin 60° und $\underline{a}^2$ = $\underline{/- 120^\circ}$

= - 0,5 - j sin 60° die Matrizengleichung

$$\begin{bmatrix} 1 & 1 & 1 \\ 1 & \underline{a}^2 & \underline{a} \\ 1 & \underline{a} & \underline{a}^2 \end{bmatrix} \cdot \begin{bmatrix} \underline{I}_o \\ \underline{I}_m \\ \underline{I}_g \end{bmatrix} = \begin{bmatrix} \underline{I}_1 \\ \underline{I}_2 \\ \underline{I}_3 \end{bmatrix}$$

Sie verlangt den Rechengang

Eingaben	Ausgabe		Eingabe	Ausgabe	
DEF G	GLEICHUNGSSYSTEM		-.5 ENTER	IM23	?
ENTER	R C?		SIN 60 ENTER	RE24	?
C ENTER	N?		0 ENTER	IM24	?
3 ENTER	RE11	?	0 ENTER	RE33	?
1 ENTER	IM11	?	-.5 ENTER	IM33	?
0 ENTER	RE12	?	-SIN 60 ENTER	RE34	?
1 ENTER	IM12	?	0 ENTER	IM34	?
0 ENTER	RE13	?	0 ENTER	E K?	
1 ENTER	IM13	?	E ENTER	X1=	
0 ENTER	RE14	?	ENTER	1.000E 00 < 0.	
3 ENTER	IM14	?	ENTER	X2=	
0 ENTER	RE22	?	ENTER	1.000E 00 < 0.	
-.5 ENTER	IM22	?	ENTER	X3=	
-SIN 60 ENTER	RE23	?	ENTER	1.000E 00 < 0.	

Man findet also wie erwartet /46/ die symmetrischen Komponenten $\underline{I}_o = \underline{I}_m = \underline{I}_g = 1$ A.

Beispiel 5.2. Ein Niederspannungsnetz besteht aus Kabeln NAVY 4x 120 mm² mit dem Widerstandsbelag R' = 0,255 Ω/km bei Längen nach Bild 5.2, hat die Eingangsspannung U_Δ = 400 V und soll die in Bild 5.2 ebenfalls eingetragenen Belastungen bei dem Leistungsfaktor

Bild 5.2 Vermaschtes Niederspannungsnetz

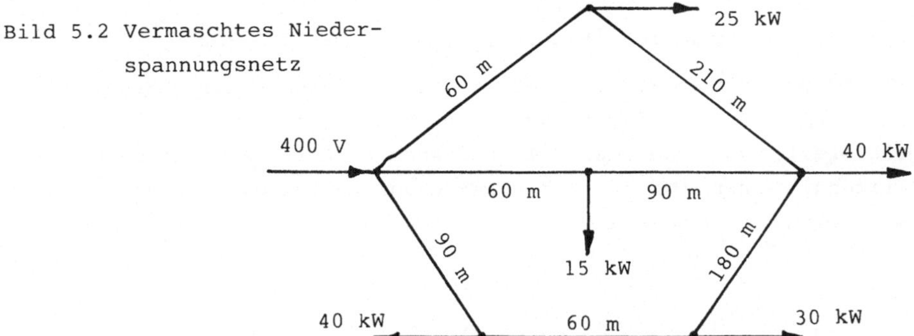

cos φ = 1 aufweisen. Es soll die Stromverteilung berechnet werden.

Wir wollen diese Aufgabe mit dem Maschenstromverfahren lösen, können aber hierfür nicht das Programm 1.33 anwenden, da sich hier Leitungen kreuzen, das Netzwerk also dreidimensional ist.

Wir setzen voraus, daß hier eine reelle Berechnung und eine Näherungslösung ausreichen. Die Widerstände der Leitungen

$$R_i = l_i\ R' = l_i \cdot 0{,}255\ \Omega/\text{km}$$

kann man aus Kabellänge l_i und Widerstandsbelag R' bestimmen. Für die Lastwiderstände setzen wir voraus, daß am Verbraucher die Sternspannung $U_\curlywedge$ = 220 V wirksam ist. Bei der Wirkleistung P_i = $3\ U_\curlywedge\ I_i \cos\varphi$ fließt daher der Laststrom $I_i = P_i/(3\ U_\curlywedge \cos\varphi)$, und es gilt für den Lastwiderstand

$$R_i = \frac{U_\curlywedge}{I_i} = \frac{3\ U_\curlywedge^2 \cos\varphi}{P_i} = \frac{3 \cdot 220^2\ V^2 \cdot 1}{P_i}$$

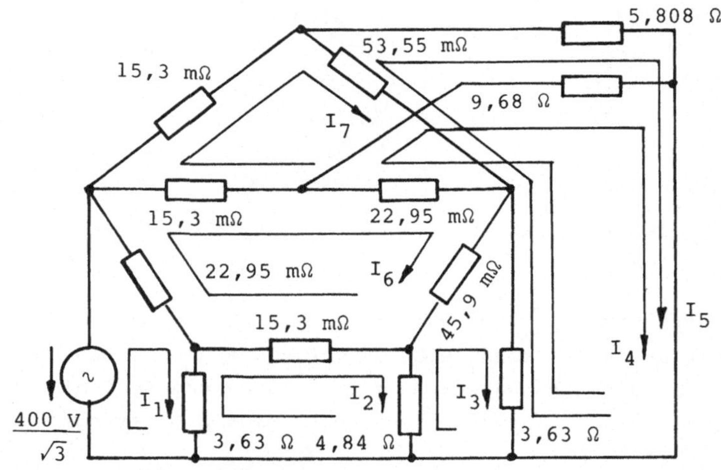

Bild 5.3 Einsträngige Ersatzschaltung für Bild 5.2

Die so gefundenen Widerstände sind in die einsträngige Ersatzschaltung von Bild 5.3 eingetragen. Anhand der gewählten Strom-Zählpfeile kann man nach /11/ und Abschn. 6.1.2 die folgende Matrizengleichung für die Zahlenwerte aufstellen und mit dem anschließend folgenden Rechengang lösen.

$$\begin{bmatrix} 3,653 & -3,63 & 0 & 0 & 0 & -0,02295 & 0 \\ -3,63 & 8,485 & -4,84 & 0 & 0 & -0,0153 & 0 \\ 0 & -4,84 & 8,516 & -3,63 & -3,63 & -0,0459 & 0 \\ 0 & 0 & -3,63 & 13,33 & 3,63 & -0,02295 & 0,02295 \\ 0 & 0 & -3,63 & 3,63 & 9,492 & 0 & -0,05355 \\ -0,02295 & -0,0153 & -0,0459 & -0,02295 & 0 & 0,1224 & -0,03825 \\ 0 & 0 & 0 & 0,02295 & -0,05355 & -0,03825 & 0,1071 \end{bmatrix} \cdot \begin{bmatrix} I_1 \\ I_2 \\ I_3 \\ I_4 \\ I_5 \\ I_6 \\ I_7 \end{bmatrix} = \begin{bmatrix} 230,9 \\ 0 \\ 0 \\ 0 \\ 0 \\ 0 \\ 0 \end{bmatrix}$$

Eingaben	Ausgabe	
DEF G	GLEICHUNGSSYSTEM	
ENTER	R C?	
R ENTER	N?	
7 ENTER	R11	?
3.653 ENTER	R12	?
-3.63 ENTER	R13	?
0 ENTER	R14	?
0 ENTER	R15	?
0 ENTER	R16	?
-.02295 ENTER	R17	?
0 ENTER	R18	?
230.9 ENTER	R22	?
8.485 ENTER	R23	?
-4.84 ENTER	R24	?
0 ENTER	R25	?
0 ENTER	R26	?
-.0153 ENTER	R27	?
0 ENTER	R28	?
0 ENTER	R33	?
8.516 ENTER	R34	?
-3.63 ENTER	R35	?
-3.63 ENTER	R36	?
-.0459 ENTER	R37	?
0 ENTER	R38	?
0 ENTER	R44	?
13.33 ENTER	R45	?
3.63 ENTER	R46	?
-.02295 ENTER	R47	?
.02295 ENTER	R48	?
0 ENTER	R55	?
9.492 ENTER	R56	?
0 ENTER	R57	?
-.05355 ENTER	R58	?
0 ENTER	R66	?
.1224 ENTER	R67	?
-.03825 ENTER	R68	?
0 ENTER	R77	?
.1071 ENTER	R78	?

Eingabe	Ausgabe	Eingabe	Ausgabe
0 ENTER	E K?	ENTER	2.375E 01 < 0.
E ENTER	X1=	ENTER	X5=
ENTER	2.364E 02 < 0.	ENTER	3.959E 01 < 0.
ENTER	X2=	ENTER	X6=
ENTER	1.735E 02 < 0.	ENTER	1.378E 02 < 0.
ENTER	X3=	ENTER	X7=
ENTER	1.263E 02 < 0.	ENTER	6.393E 01 < 0.
ENTER	X4=		

63,93 A
39,59 A
24,34 A
236,4 A
73,89 A
50,14 A
62,99 A
23,75 A
11,49 A
98,62 A
35,64 A
62,98 A
47,13 A

Bild 5.4 Stromverteilung für Bild 5.2

Man findet so die in Bild 5.4 eingetragenen Ströme.

Beispiel 5.3. Es soll jetzt Beispiel 5.2 unter vereinfachender Anwendung des Knotenpunktpotential-Verfahrens gelöst werden.

Wir bestimmen zunächst mit der Sternspannung $U_\curlywedge$ = 220 V die Lastströme

$$I_i = \frac{P_i}{3\, U_\curlywedge \cos\varphi} = \frac{P_i}{3 \cdot 220\ \mathrm{V} \cdot 1}$$

und tragen sie in Bild 5.5 ein. (Sie können natürlich nicht mit den in Beispiel 5.2 bestimmten übereinstimmen.)

Bild 5.5 Maschennetz mit Stromverteilung

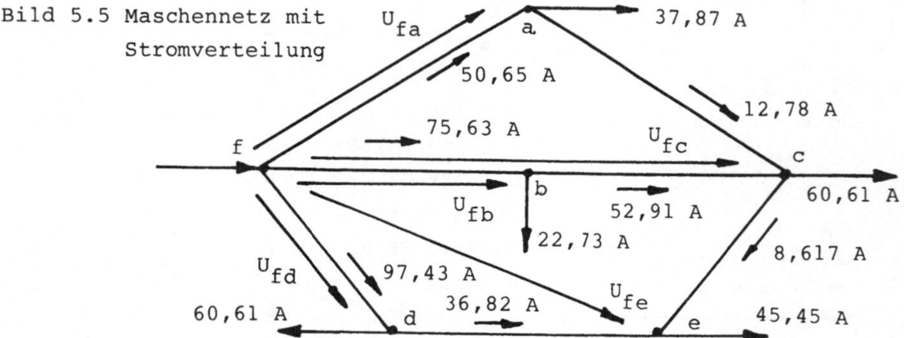

Wir setzen voraus, daß alle Ströme die gleiche Phasenlage haben, die Scheinwiderstände der Kabelstrecken den Kabellängen l_i proportional und ihre Phasenwinkel ebenfalls gleich sind. Es genügt dann, als Leitwerte $Y'_{ij} = 1/l_{ij}$ die reziproken Längen zwischen den Knotenpunkten i und j einzusetzen, mit ihnen fiktive Spannungen U'_{ij} und schließlich die Ströme $I_{ij} = U'_{ij} \; l_{ij}$ zu berechnen.

Für die in Bild 5.5 eingetragenen Teilspannungen gilt dann nach Abschn. 6.1.1 die Matrizengleichung

$$\begin{bmatrix} (\frac{1}{50}+\frac{1}{250}) & 0 & -\frac{1}{250} & 0 & 0 \\ 0 & (\frac{1}{60}+\frac{1}{80}) & -\frac{1}{80} & 0 & 0 \\ -\frac{1}{250} & -\frac{1}{80} & (\frac{1}{250}+\frac{1}{80}+\frac{1}{200}) & 0 & -\frac{1}{200} \\ 0 & 0 & 0 & (\frac{1}{100}+\frac{1}{60}) & -\frac{1}{60} \\ 0 & 0 & -\frac{1}{200} & -\frac{1}{60} & (\frac{1}{60}+\frac{1}{200}) \end{bmatrix} \cdot \begin{bmatrix} U'_{fa} \\ U'_{fb} \\ U'_{fc} \\ U'_{fd} \\ U'_{fe} \end{bmatrix} = \begin{bmatrix} 37{,}87 \\ 22{,}73 \\ 60{,}61 \\ 45{,}45 \\ 60{,}61 \end{bmatrix}$$

Daher ist der Rechengang

Eingaben	Ausgabe	
DEF G	GLEICHUNGSSYSTEM	
ENTER	R C?	
R ENTER	N?	
5 ENTER	RE11	?
1/50+1/250 ENTER	RE12	?
0 ENTER	RE13	?
-1/250 ENTER	RE14	?
0 ENTER	RE15	?
0 ENTER	RE16	?
37.87 ENTER	RE22	?
1/60+1/80 ENTER	RE23	?
-1/80 ENTER	RE24	?
0 ENTER	RE25	?
0 ENTER	RE26	?
22.73 ENTER	RE33	?
1/250+1/80+1/200 ENTER	RE34	?
0 ENTER	RE35	?
-1/200 ENTER	RE36	?

Eingaben	Ausgabe	
60.61 ENTER	RE44	?
1/100+1/60 ENTER	RE45	?
-1/60 ENTER	RE46	?
45.45 ENTER	RE55	?
1/60+1/200 ENTER	RE56	?
60.61 ENTER	E K?	
E ENTER	X1=	
ENTER	3.039E 03 < 0.	
ENTER	X2=	
ENTER	4.538E 03 < 0.	
ENTER	X3=	
ENTER	8.769E 03 < 0.	
ENTER	X4=	
ENTER	9.086E 03 < 0.	
ENTER	X5=	
ENTER	1.181E 04 < 0.	

Die Zweigströme findet man schließlich durch Anwenden der Knotenregel /11/ über

Eingaben	Ausgabe	Größe
3039/60 ENTER	50.65	I_{fa}
-37.87 ENTER	12.78	I_{ac}
4538/60 DEF Z	7.563E 01	I_{fb}
-22.73 DEF Z	5.291E 01	I_{bc}
8769/90 DEF Z	9.743E 01	I_{fd}
-60.61 DEF Z	3.683E 01	I_{de}
-45.45 DEF Z	-8.617E 00	I_{ec}

Die Ergebnisse sind in Bild 5.5 eingetragen. Sie weichen natürlich von denen in Bild 5.4 ab, sind aber wegen der jeweils getroffenen Annahmen ebenso gut zu vertreten und reichen somit für eine Kontrolle der Bemessung aus, denn der thermisch zulässige Nennstrom $\underline{I}_N$ = 242 A wird in keiner Kabelstrecke überschritten.

Das Vorgehen in diesem Beispiel 5.3 ist einfacher als in Beispiel 5.2, da statt der 7 unbekannten Ströme in Beispiel 5.2 hier zunächst nur 5 unbekannte Teilspannungen zu berechnen sind. Es genügt für viele Aufgaben. So kann man z.B. auch die Stromverteilung für Störfälle berechnen - z.B. für die Unterbrechnung einzelner Kabelstrekken die ungünstigste Strombelastung ermitteln und hiernach die erforderlichen Kabelquerschnitte festlegen.

Für den Fall, daß an irgendeiner Stelle des Netzes ein größerer Motor eingeschaltet wird - z.B. eine Wärmepumpe mit cos φ = 0,4 im Stillstand - und der dann auftretende Spannungsabfall bestimmt werden soll, ist jedoch eine vollständige komplexe Durchrechnung (z.B. analog zu Beispiel 6.9) angebracht.

Beispiel 5.4. Für das Netzwerk in Bild 5.6 a soll die allgemeine Bestimmungsgleichung für die Spannung $\underline{U}_a$ aufgestellt werden.

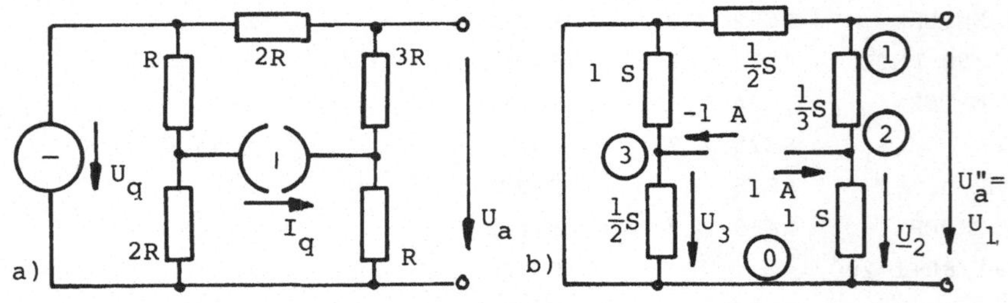

BIld 5.6 Netzwerk (a) und umgewandelt (b) für allein wirksame Stromquelle

Man kann diese Aufgabe leicht mit dem Überlagerungsverfahren lösen. Wenn nämlich die Quellenspannung U_q allein wirksam ist, stellt die Stromquelle eine Unterbrechung dar /11/, und man findet mit der Spannungsteilerregel (s. Abschn. 2.2) den von U_q stammenden Anteil

$$U'_a = U_q \frac{4\ R}{6\ R} = \frac{2}{3}\ U_q$$

Ist allein die Stromquelle wirksam, stellt die Spannungsquelle einen Kurzschluß dar. Man kann für die Teilschaltung in Bild 5.6 b bei Anwendung des Knotenpunktpotential-Verfahrens nach Abschn. 6.1.1 die Matrizengleichung

$$\begin{bmatrix} (\frac{1}{2} + \frac{1}{3})\frac{1}{R} & -\frac{1}{3\ R} & 0 \\ -\frac{1}{3\ R} & (1 + \frac{1}{3})\frac{1}{R} & 0 \\ 0 & 0 & (1 + \frac{1}{2})\frac{1}{R} \end{bmatrix} \cdot \begin{bmatrix} U_1 \\ U_2 \\ U_3 \end{bmatrix} = \begin{bmatrix} 0 \\ I_q \\ I_q \end{bmatrix}$$

aufstellen. Multipliziert man jede Zeile mit $1/I_q$, erhält man

$$\begin{bmatrix} (\frac{1}{2} + \frac{1}{3}) & -\frac{1}{3} & 0 \\ -\frac{1}{3} & (1 + \frac{1}{3}) & 0 \\ 0 & 0 & (1 + \frac{1}{2}) \end{bmatrix} \cdot \begin{bmatrix} U_1/(R\ I_q) \\ U_2/(R\ I_q) \\ U_3/(R\ I_q) \end{bmatrix} \quad \begin{bmatrix} 0 \\ 1 \\ 1 \end{bmatrix}$$

Die Lösung findet man mit dem Rechengang

Eingaben	Ausgabe		Eingaben	Ausgabe	
DEF G	GLEICHUNGSSYSTEM		1+1/3 ENTER	RE23	?
ENTER	R C?		0 ENTER	RE24	?
R ENTER	N?		1 ENTER	RE33	?
3 ENTER	RE11	?	1+1/2 ENTER	RE34	?
1/2+1/3 ENTER	RE12	?	1 ENTER	E K?	
-1/3 ENTER	RE13	?	E ENTER	X1=	
0 ENTER	RE14	?	ENTER	3.333E-01 < 0.	
0 ENTER	RE22	?			

Somit ist also $U_1 = U''_a = R\ I_q/3$, und die gesuchte Bestimmungsgleichung lautet

$$U_a = U'_a + U''_a = \frac{1}{3}(2\ U_q + R\ I_q)$$

Beispiel 5.5. Für das Netzwerk von Bild 5.7 a soll bei der Kreisfrequenz $\omega = 2/(R\ C)$ das komplexe Spannungsverhältnis $\underline{U}_a/\underline{U}_e$ bestimmt werden.

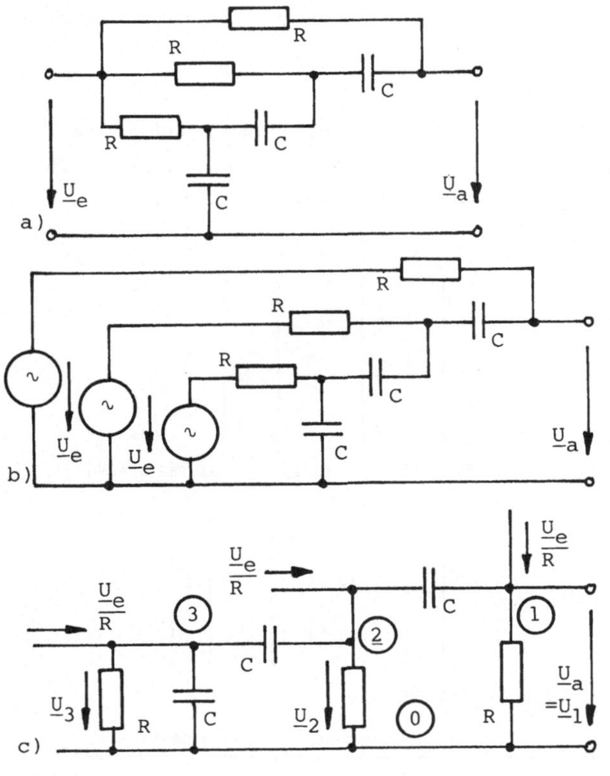

Bild 5.7 Zweitor (a) mit Auftrennung der Speisespannung (b) und Aufbereitung für Knotenpunktpotential-Verfahren (c)

Wir wollen das Knotenpunktpotential-Verfahren nach Abschn. 6.1.1 anwenden und müssen daher die Eingangsspannung $\underline{U}_e$ in eine Stromquelle überführen sowie für die Bauelemente Leitwerte ansetzen. Zunächst wird die Schaltung entsprechend Bild 5.7 b am Eingang aufgetrennt, und anschließend werden die Spannungsquellen mit ihren Innenwiderständen R in Stromquellen umgewandelt, so daß die Einströmungen von Bild 5.7 c auftreten. Hierfür kann man nach Abschn. 6.1.1 die Matrizengleichung

$$\begin{bmatrix} (R + \frac{1}{j\ \omega\ C}) & -\frac{1}{j\ \omega\ C} & 0 \\ -\frac{1}{j\ \omega\ C} & (R + \frac{2}{j\ \omega\ C}) & -\frac{1}{j\ \omega\ C} \\ 0 & -\frac{1}{j\ \omega\ C} & (R + \frac{2}{j\ \omega\ C}) \end{bmatrix} \cdot \begin{bmatrix} \underline{U}_1 \\ \underline{U}_2 \\ \underline{U}_3 \end{bmatrix} = \begin{bmatrix} \underline{U}_e/R \\ \underline{U}_e/R \\ \underline{U}_e/R \end{bmatrix}$$

aufstellen. Jede Zeile wird nun mit $R/\underline{U}_e$ multipliziert und das Gleichungssystem umgeformt in

$$\begin{bmatrix} (1 - j\frac{1}{\omega R C}) & j\frac{1}{\omega R C} & 0 \\ j\frac{1}{\omega R C} & (1 - j\frac{2}{\omega R C}) & j\frac{1}{\omega R C} \\ 0 & j\frac{1}{\omega R C} & (1 - j\frac{2}{\omega R C}) \end{bmatrix} \cdot \begin{bmatrix} \underline{U}_1/\underline{U}_e \\ \underline{U}_2/\underline{U}_e \\ \underline{U}_3/\underline{U}_e \end{bmatrix} = \begin{bmatrix} 1 \\ 1 \\ 1 \end{bmatrix}$$

Für $\omega = 2/(R\ C)$ gilt daher das Gleichungssystem

$$\begin{bmatrix} (1 - j\ 0{,}5) & j\ 0{,}5 & 0 \\ j\ 0{,}5 & (1 - j\ 1) & j\ 0{,}5 \\ 0 & j\ 0{,}5 & (1 - j\ 1) \end{bmatrix} \cdot \begin{bmatrix} \underline{U}_1/\underline{U}_e \\ \underline{U}_2/\underline{U}_e \\ \underline{U}_3/\underline{U}_e \end{bmatrix} = \begin{bmatrix} 1 \\ 1 \\ 1 \end{bmatrix}$$

Die Lösung findet man mit dem Rechengang

Eingaben	Ausgabe		Eingaben	Ausgabe	
DEF G	GLEICHUNGSSYSTEM		1 ENTER	IM22	?
ENTER	R C?		-1 ENTER	RE23	?
C ENTER	N?		0 ENTER	IM23	?
3 ENTER	RE11	?	.5 ENTER	RE24	?
1 ENTER	IM11	?	1 ENTER	IM24	?
-.5 ENTER	RE12	?	0 ENTER	RE33	?
0 ENTER	IM12	?	1 ENTER	IM33	?
.5 ENTER	RE13	?	-1 ENTER	RE34	?
0 ENTER	IM13	?	1 ENTER	IM34	?
0 ENTER	RE14	?	0 ENTER	E K?	
1 ENTER	IM14	?	E ENTER	X1=	
0 ENTER	RE22	?	ENTER	1.050E 00 < 0.6	

Somit beträgt das komplexe Spannungsverhältnis $\underline{U}_a/\underline{U}_e = 1{,}05\ \underline{/0{,}6^\circ}$.

Beispiel 5.6. Das Netzwerk von Bild 5.8 a besteht aus den Wirkwiderständen $R_1 = 100\ \Omega$, $R_2 = 1\ k\Omega$, $R_3 = 300\ \Omega$, den Blindwiderständen $X_L = 200\ \Omega$, $X_C = -500\ \Omega$, enthält außerdem eine stromgesteuerte Stromquelle mit dem Verstärkungsfaktor a = 150 und wird von Quellen mit der Quellenspannung $\underline{U}_q = 15$ V und $\underline{I}_q = j\ 50$ mA gespeist. Es soll die Ausgangsspannung $\underline{U}_a$ bestimmt werden.

Man kann auf das Netzwerk das Knotenpunktpotential-Verfahren (s. Abschn. 6.1.1) anwenden, formt es hierfür zweckmäßig entsprechend Bild 5.8 b um und erhält dann die komplexe Matrizengleichung und den anschließend folgenden Rechengang.

$$\begin{bmatrix} (\frac{1}{R_3} + \frac{1}{j\,X_C}) & -\frac{1}{j\,X_C} & 0 & -\frac{1}{R_3} \\ -\frac{1}{j\,X_C} & (\frac{1}{R_1} + \frac{1}{j\,X_C}) & -\frac{1}{R_1} & 0 \\ 0 & -\frac{1}{R_1} & (\frac{1}{R_1} + \frac{1+a}{R_2}) & 0 \\ -\frac{1}{R_3} & 0 & 0 & (\frac{1}{R_3} + \frac{1}{j\,X_L}) \end{bmatrix} \cdot \begin{bmatrix} \underline{U}_a \\ \underline{U}_2 \\ \underline{U}_3 \\ \underline{U}_4 \end{bmatrix} = \begin{bmatrix} 0 \\ -\underline{I}_q - \frac{\underline{U}_q}{R_1} \\ \underline{I}_q + \frac{\underline{U}_q}{R_1} \\ 0 \end{bmatrix}$$

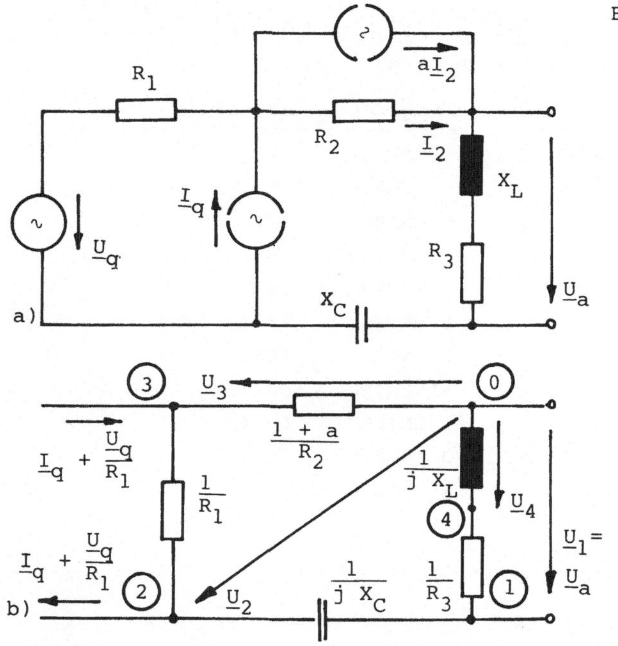

Bild 5.8 Netzwerk mit stromgesteuerter Stromquelle (a) und umgeformt (b) zur Anwendung des Knotenpunktpotential-Verfahrens

Eingaben	Ausgabe	
DEF G	GLEICHUNGSSYSTEM	
ENTER	R C?	
C ENTER	N?	
4 ENTER	RE11	?
1/300 ENTER	IM11	?
1/500 ENTER	RE12	?
0 ENTER	IM12	?
1/500 ENTER	RE13	?
0 ENTER	IM13	?

Eingaben	Ausgabe	
0 ENTER	RE14	?
-1/300 ENTER	IM14	?
0 ENTER	RE15	?
0 ENTER	IM15	?
0 ENTER	RE22	?
1/100 ENTER	IM22	?
1/500 ENTER	RE23	?
-1/100 ENTER	IM23	?
0 ENTER	RE24	?

Eingaben	Ausgabe		Eingaben	Ausgabe	
0 ENTER	IM24	?	15/100 ENTER	IM35	?
0 ENTER	RE25	?	-50E-3 ENTER	RE44	?
-15/100 ENTER	IM25	?	1/300 ENTER	IM44	?
-50E-3 ENTER	RE33	?	-1/200 ENTER	RE45	?
1/100+151/1000 ENTER	IM33	?	0 ENTER	IM45	?
0 ENTER	RE34	?	0 ENTER	E K?	
0 ENTER	IM34	?	E ENTER	X1=	
0 ENTER	RE35	?	ENTER	1.144E 01 < 90.8	

Daher beträgt die Spannung $\underline{U}_a = 11{,}44\ V\ \underline{/90{,}8^{\circ}}$.

6 Knotenpunktpotential- und Maschenstrom-Verfahren

Mit dem Ohmschen Gesetz und den Kirchhoffschen Regeln kann man grundsätzlich die Zustandsgrößen beliebiger Netzwerke für den stationären Betrieb bestimmen /11/. Hierbei ergeben sich u.U. umfangreiche Gleichungssysteme. Eine Netzwerkanalyse mit dem Knotenpunktpotential- oder dem Maschenstrom-Verfahren verringert dagegen in wünschenswerter Weise die Anzahl der Unbekannten und somit auch die Ordnungszahl des Gleichungssystems /11/.

Außerdem kann man die benötigten Matrizengleichungen ganz schmematisch aufstellen und somit schließlich diese Operation einem Programm übertragen, wenn das zu untersuchende Netzwerk entsprechend aufbereitet ist. Außer einer kurzen Beschreibung der angewendeten Verfahren müssen daher hier zunächst die Möglichkeiten für eine u.U. erforderliche Netzumformung und das hieraus sich ergebende Vorgehen dargestellt werden. Nach einer Beschreibung des mitgeteilten Programms wird schließlich seine Handhabung an umfangreichen Beispielen gezeigt.

6.1 Grundlagen

6.1.1 Knotenpunktpotential-Verfahren

Für das Netzwerk in Bild 6.1 kann man nach /11/ sofort und ganz schematisch die Matrizengleichung

$$\begin{bmatrix} (\underline{Y}_1 + \underline{Y}_{2,1}) & -\underline{Y}_{2,1} & 0 \\ -\underline{Y}_{2,1} & (\underline{Y}_{2,1} + \underline{Y}_2 + \underline{Y}_3) & -\underline{Y}_{3,2} \\ 0 & -\underline{Y}_{3,2} & (\underline{Y}_{3,2} + \underline{Y}_3) \end{bmatrix} \cdot \begin{bmatrix} \underline{U}_1 \\ \underline{U}_2 \\ \underline{U}_3 \end{bmatrix} = \begin{bmatrix} \underline{I}_1 \\ \underline{I}_2 \\ \underline{I}_3 \end{bmatrix} \quad (6.1)$$

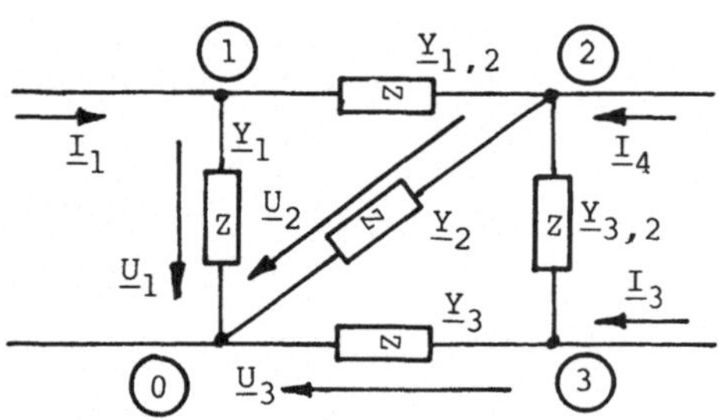

Bild 6.1 Netzwerk

angeben. Wenn die komplexen Leitwerte $\underline{Y}_{jk} = G_{jk} + j\,B_{jk}$ mit Wirkleitwert G_{jk} und Blindleitwert B_{jk} sowie die komplexen Einströmungen $\underline{I}_j$ = Re $\underline{I}_j$ + j Im $\underline{I}_j$ bekannt sind, kann man die komplexen Spannungen $\underline{U}_j$ = Re $\underline{U}_j$ + j Im $\underline{U}_j$ und über sie alle übrigen Zweigspannungen und -ströme durch Lösen des Gleichungssystems (6.1) berechnen.

Die Leitwertmatrix ist symmetrisch. Sie enthält in der Hauptdiagonalen mit $\underline{A}_{jj}$ die Summe der zum Knotenpunkt j unmittelbar benachbarten komplexen Leitwerte $\underline{Y}_{jk}$. Die Nebendiagonalen sind mit $\underline{A}_{jk} = -\underline{Y}_{jk}$ besetzt. Der Spaltenvektor der rechten Seite besteht aus den komplexen Einströmungen $\underline{I}_j$. Diese komplexen Koeffizienten brauchen daher nur in die für das Programm 1.32 vorgesehenen Datenregister gebracht zu werden, um das Gleichungssystem mit dem dort eingesetzten Gauß-Eliminationsverfahren lösen zu können.

Man beachte, daß die Einströmungen $\underline{I}_j$ positiv einzuführen sind, wenn ihre Zählpfeile auf den Knotenpunkt j weisen.

6.1.2 Maschenstrom-Verfahren

Nach /11/ kann man für ein Netzwerk nach Bild 6.2 und die dort gewählten Maschenströme $\underline{I}'_1$ bis $\underline{I}'_4$ sofort und ganz schematisch die komplexe Matrizengleichung

$$\begin{bmatrix} (\underline{Z}_1+\underline{Z}_3+\underline{Z}_4) & -\underline{Z}_3 & -\underline{Z}_4 & 0 \\ -\underline{Z}_3 & (\underline{Z}_2+\underline{Z}_3+\underline{Z}_5) & 0 & -\underline{Z}_5 \\ -\underline{Z}_4 & 0 & (\underline{Z}_4+\underline{Z}_6) & -\underline{Z}_6 \\ 0 & -\underline{Z}_5 & -\underline{Z}_6 & (\underline{Z}_5+\underline{Z}_6) \end{bmatrix} \cdot \begin{bmatrix} \underline{I}'_1 \\ \underline{I}'_2 \\ \underline{I}'_3 \\ \underline{I}'_4 \end{bmatrix} = \begin{bmatrix} \underline{U}_{q1} \\ \underline{U}_{q2} \\ -\underline{U}_{q2} \\ 0 \end{bmatrix} \quad (6.2)$$

angeben. Wenn die komplexen Widerstände $\underline{Z}_n = R_n + j\,X_n$ mit Wirkwiderstand R_n und Blindwiderstand X_n sowie die komplexen Spannungen $\underline{U}_{qn} = \mathrm{Re}\,\underline{U}_{qn} + j\,\mathrm{Im}\,\underline{U}_{qn}$ bekannt sind, kann man die komplexen Maschenströme $\underline{I}'_j = \mathrm{Re}\,\underline{I}'_j + j\,\mathrm{Im}\,\underline{I}'_j$ und über sie alle übrigen Zweigströme sowie anschließend alle Spannungen durch Lösen des Gleichungssystems (6.2) berechnen.

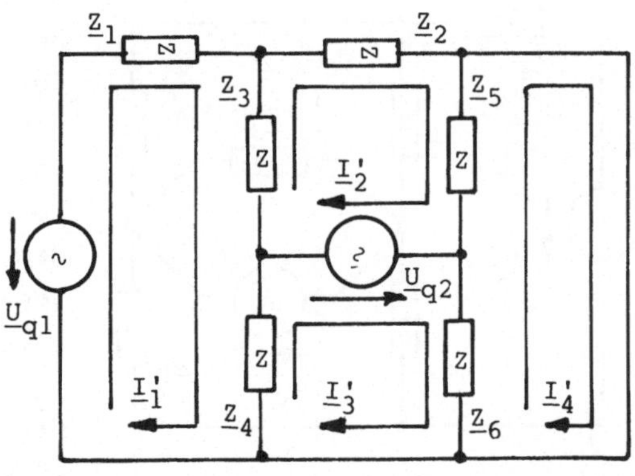

Bild 6.2 Netzwerk

Die Widerstandsmatrix ist symmetrisch. Sie enthält in der Hauptdiagonalen mit $\underline{A}_{jj}$ die Summe der für den Maschenstrom $\underline{I}'_j$ wirksamen komplexen Widerstände $\underline{Z}_n$. Die Nebendiagonalen sind mit den komplexen Koppelwiderständen $\underline{Z}_{jk} = \underline{A}_{jk}$ besetzt, wenn die Zählpfeile der zugehörigen Maschenströme $\underline{I}'_j$ und $\underline{I}'_k$ gleichsinnig angesetzt sind. Sind sie entgegengesetzt, ist mit $\underline{A}_{jk} = - \underline{Z}_{jk}$ das Vorzeichen umzukehren. Der Spaltenvektor der rechten Seite enthält jeweils die Summe der in ihrer Masche auf die Maschenströme einwirkenden Quellenspannungen, d.h. die Umlauf-Quellenspannungen $\Sigma\ \underline{U}_{qj}$. Man beachte, daß die Quellenspannungen mit positivem Vorzeichen einzuführen sind, wenn die Zählpfeile von Quellenspannung $\underline{U}_{qj}$ und Maschenstrom $\underline{I}'_j$ entgegengesetzt gerichtet sind.

Wenn man die Maschenströme so wählt, daß sich in einem komplexen Widerstand $\underline{Z}_{jk}$ nur zwei Maschenströme $\underline{I}'_j$ und $\underline{I}'_k$ mit entgegengesetztem Zählsinn überlagern, sind die Gleichungssysteme bei Anwendung von Maschenstrom- und Knotenpunktpotential-Verfahren dual /11/. Das Netzwerk muß daher zweidimensional sein, d.h., ohne Kreuzen von Zweigen in die Ebene ausgebreitet werden können. Man kann dann den für das Knotenpunktpotential-Verfahren geltenden Algorithmus auch auf das Maschenstrom-Verfahren anwenden, wenn man alle Leitwerte $\underline{Y}_j$ durch Widerstände $\underline{Z}_j$ ersetzt und Ströme $\underline{I}'_j$ und Spannungen $\underline{U}_j$ gegeneinander vertauscht.

6.1.3 Netzumformung

Eine Schaltung nach Bild 6.3 läßt sich mit den beschriebenen Verfahren nicht ohne weiteres berechnen, da es neben einer Spannungsquelle noch eine Stromquelle enthält. Soll es mit dem Programm für Maschenströme behandelt werden, muß zuvor die Stromquelle in eine Spannungsquelle umgewandelt werden. Soll es dagegen mit dem Knotenpunktpotential-Verfahren untersucht werden, sind zunächst die komplexen Widerstände $\underline{Z}_j$ in komplexe Leitwerte $\underline{Y}_j$ und die Spannungsquelle in eine Stromquelle umzurechnen. Dies kann wie in Bild 6.4 dargestellt geschehen /11/. Außerdem braucht man parallele Widerstände zu idealen Spannungsquellen nur zur Berechnung der Quellenleistung oder des Stromes in der Quelle und analog einen Reihenwiderstand zu einer Stromquelle nur zur Berechnung der Quellenleistung oder der

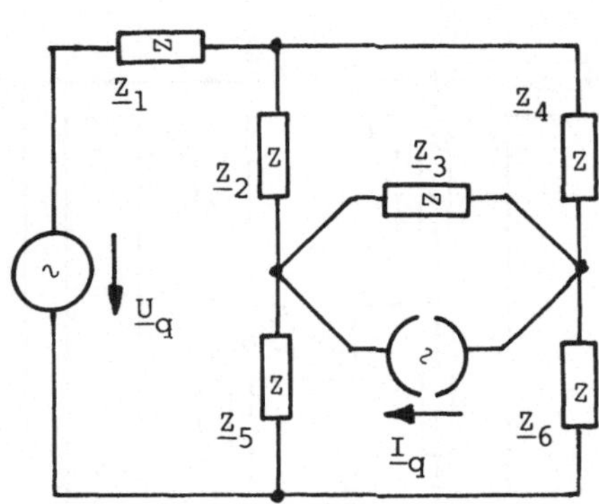

Bild 6.3 Netzwerk

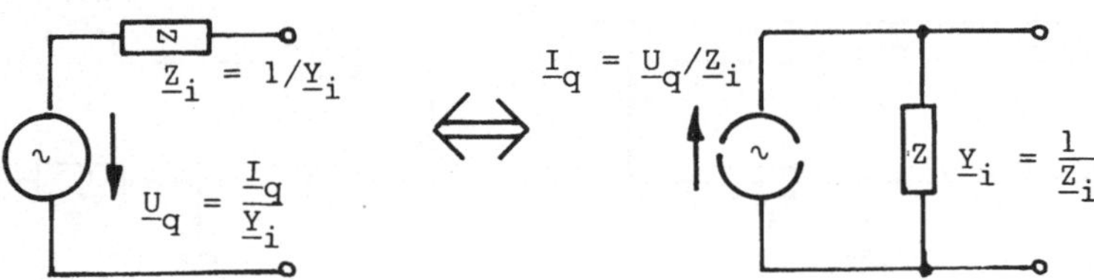

Bild 6.4 Umwandlung von Spannungs- in Stromquellen und umgekehrt

Spannung an der Quelle zu berücksichtigen.

Ideale Quellen (mit inneren Widerständen $\underline{Z}_i = 0$ bzw. inneren Leitwerten $\underline{Y}_i = \infty$) lassen sich nicht in dieser Weise umrechnen. Bei der Parallelschaltung von idealer Spannungs- und idealer Stromquelle ist nur die Spannungsquelle sowie bei der Reihenschaltung von idealer Strom- und idealer Spannungsquelle nur die Stromquelle zu berücksichtigen. Es ist ferner aus physikalischen Gründen unzulässig, ideale Stromquellen mit unterschiedlichen Quellenströmen $\underline{I}_{qi}$ in Reihe oder ideale Spannungsquellen mit unterschiedlichen Quellenspannungen $\underline{U}_{qi}$ parallel zu schalten.

Ideale Quellen kann man außerdem nach /44/ verlegen, wenn hierdurch für Knotenpunkte die Strombilanz und für Maschen die Spannungsbilanz nicht verfälscht wird. Daher ergeben sich beispielsweise die Möglichkeiten von Bild 6.5.

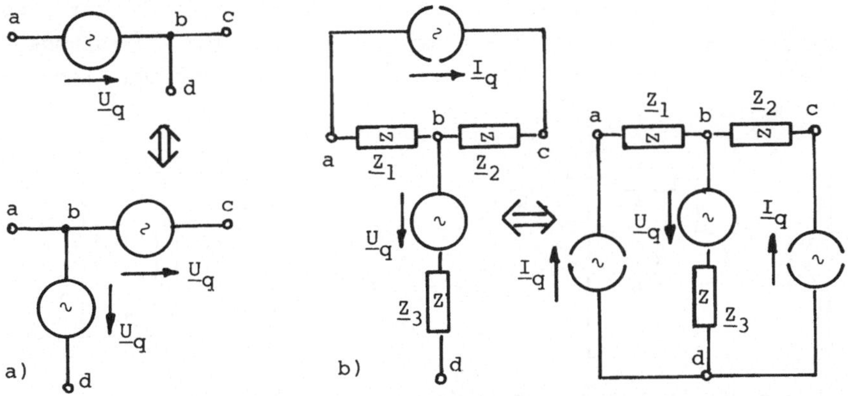

Bild 6.5 Verlegung von idealen Spannungsquellen (a) und idealen Stromquellen (b)

Schließlich kann man nach /44/ den Quellenstrom wie in Bild 6.6 a auch als eingeprägten Maschenstrom auffassen, der in den Zweigen, die er durchfließt, mit den Zweigwiderständen $\underline{Z}_{jk}$ Teilspannungen

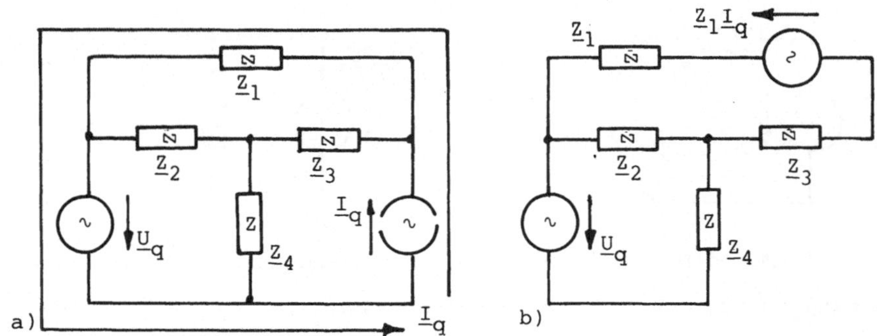

Bild 6.6 Netzwerk mit eingeprägtem Maschenstrom $\underline{I}_q$ (a) und sein Ersatz (b) durch eine Spannungsquelle

$\underline{U}_{jk} = \underline{Z}_{jk}\ \underline{I}_{qj}$ verursacht, die man dort auch als Quellenspannung wirken lassen kann. So erhält man die vereinfachte Schaltung von Bild 6.6 b.

Durch diese Umformungen können einzelne Zweigströme und -spannungen gegenüber der ursprünglichen Schaltung verändert werden. Man nehme sie daher möglichst nicht in den Zweigen vor, deren Größen bestimmt werden sollen. U.U. ist nach den ersten Teilrechnungen auf das ursprüngliche Netzwerk zurückzugehen.

Grundsätzlich ändert man am Verhalten eines Netzwerks nichts, wenn man ideale Quellen entsprechend Bild 6.7 rein formal ergänzt, so daß man dann die gestrichelt eingerahmten Schaltungsteile für sich in die jeweils andere Quellenart umrechnen kann. Die Widerstände R bzw. Leitwerte G sollten in der Größenordnung der übrigen Elemente gewählt werden.

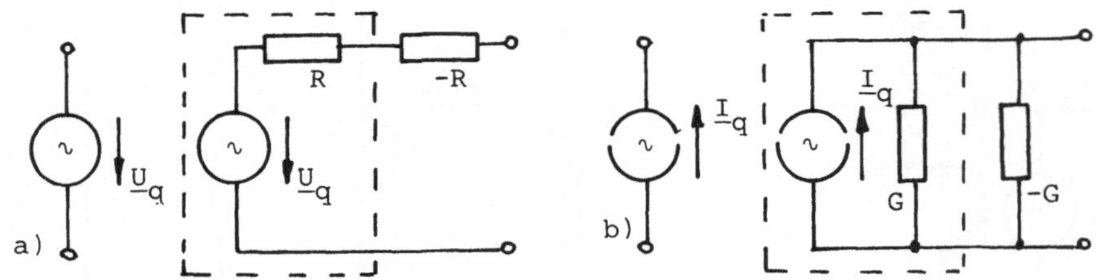

Bild 6.7 Ergänzte ideale Spannungs- (a) und Stromquelle (b)

Allerdings wird durch diese besonders einfach vorzunehmenden Umformungen die Anzahl der Knotenpunkte bzw. Maschen vergrößert, was zwar eine länger dauernde Berechnung erzwingt, mit dem hier beschriebenen Programm jedoch meist keine Schwierigkeiten bereitet.

6.1.3 Anwendungsregeln

Ein Netzwerk mit k Knotenpunkten und z Zweigen erfordert nach /11/ beim Knotenpunktpotential-Verfahren das Berechnen von

$$r = k - 1 \tag{6.3}$$

Knotenpunktpotentialen bzw. Teilspannungen, während beim Maschenstrom-Verfahren

$$m = z - r = z + 1 - k \tag{6.4}$$

Maschenströme zu bestimmen sind. Je nachdem, ob Gl.(6.3) oder (6.4) die kleinere Anzahl ergibt, ist für das eine oder das andere Verfahren ein Gleichungssystem kleinerer Ordnung zu lösen, das natürlich schneller zu berechnen ist. Wenn für eine numerische Lösung ein Rechnerprogramm eingesetzt werden kann, ist dies jedoch kein entscheidender Gesichtspunkt mehr.

Zur Wahl der Verfahren - auch hinsichtlich des hier mitgeteilten Programms - kann man folgende Richtlinien angeben:

a) Auf Netzwerke, die vorwiegend Ein- oder Ausströmungen aufweisen (z.B. Energieverteilungsnetze), sollte man das Knotenpunktpotential-Verfahren anwenden.

b) Netzwerke, die viele Spannungsquellen enthalten, lassen sich meist am schnellsten mit dem Maschenstrom-Verfahren analysieren.

c) Teilspannungen kann man unmittelbar mit dem Knotenpunktpotential-Verfahren berechnen.

d) Zweigströme lassen sich leicht mit dem Maschenstrom-Verfahren bestimmen.

e) Den komplexen Eingangswiderstand eines Netzwerks

$$\underline{Z}_e = \underline{U}_e/\underline{I}_e \tag{6.5}$$

findet man mit dem Eingangsstrom $\underline{I}_e = 1$ A durch Berechnen der Eingangsspannung $\underline{U}_e$ unmittelbar mit gleichem Zahlenwert - also mit dem Knotenpunktpotential-Verfahren.

f) Umgekehrt ist der komplexe Eingangsleitwert

$$\underline{Y}_e = \underline{I}_e/\underline{U}_e \tag{6.6}$$

bei der Eingangsspannung $\underline{U}_e = 1$ V zahlenmäßig gleich dem Eingangsstrom $\underline{I}_e$, der einfach mit dem Maschenstrom-Verfahren zu ermitteln ist.

g) Man sollte Netzumformungen, die die gesuchten Größen nicht mehr unmittelbar liefern und daher zusätzliche Berechnungen verlangen, möglichst vermeiden.

h) Mehrdimensionale Netzwerke - also Schaltungen, deren Zweige sich in den zweidimensionalen Darstellungen kreuzen (s. Beispiel 5.2) - können mit dem Programm 1.33 nur über das Knotenpunktpotential-Verfahren untersucht werden.

Das zweckmäßige Vorgehen zeigen die Beispiele in Abschn. 6.3.

6.1.4 Vorbereiten des Netzwerks

Zum Anwenden des Knotenpunktpotential-Verfahrens wird die Schaltung zweckmäßig in eine zu Bild 6.1 analoge Form gebracht; sie darf also nur einen komplexen Leitwert je Zweig enthalten, und die Ein- und Ausströmungen sollten je Knotenpunkt zusammengefaßt sein. Der (frei wählbare) Bezugsknotenpunkt wird mit 0 bezeichnet. Die übrigen Knotenpunkte sind (beliebig) durchzunumerieren. Wird nur eine Teilspannung gesucht, sollte sie zwischen den Knotenpunkten 0 und 1 liegen, da der Rechner diese Spannung als erste ausgibt. Die Ordnungszahl n des zu lösenden Gleichungssystems ist durch die höchste Knotenpunkt-Nummer festgelegt. Auch die Indizes aller übrigen Größen sind durch die Knotenpunkt-Nummern eindeutig vorgegeben. Die Einströmungen erhalten Zählpfeile, die zum Knotenpunkt weisen.

Wenn das Maschenstrom-Verfahren eingesetzt werden soll, empfiehlt sich eine Vorbereitung der Schaltung entsprechend Bild 6.2. Die Widerstände sollten zu je einem komplexen Widerstand je Zweig zusammengefaßt werden - ebenso die Spannungsquellen je Zweig. Die Maschenströme werden durchnumeriert und so gewählt, daß in jedem Zweig mindestens ein Maschenstrom fließt und, wenn dort zwei Maschenströme fließen, die zugehörigen Zählpfeile entgegengesetzt gerichtet sind. Die Ordnungszahl n ist durch die höchste Maschenstrom-Nummer bestimmt. Quellenspannungen, deren Zählpfeile den Zählpfeilen der zugehörigen Maschenströme entgegengerichtet sind, werden positiv eingegeben; bei gleicher Zählpfeilrichtung sind die Vorzeichen von Real- und Imaginärteil umzukehren.

6.2 Programmbeschreibung

Das Programm wird über DEF N gestartet. Anschließend muß eine Berechnung der Maschenströme über MS oder die der Knotenpunktpotentiale über KP gewählt werden. Das Netzwerk muß daher für das entsprechende Analyseverfahren vorbereitet sein.

Das Programm fordert im Dialog die Eingaben mit den folgenden Kurzzeichen an:

N	Ordnungszahl	J.K	Zweignummer
Z	komplexer Widerstand $\underline{Z}$	Y	komplexer Leitwert $\underline{Y}$
U	komplexe Spannung $\underline{U}$	I	komplexer Strom $\underline{I}$
RE	Realteil	IM	Imaginärteil
S	Schluß der Eingabe		

U und I werden außerdem für die Ausgabe benutzt.

Zunächst wird auf die Aufforderung N? die Ordnungszahl des zu lösenden Gleichungssystems und anschließend an J.K? die Zweignummer der einzugebenden Zweiggrößen eingegeben. Hier <u>muß</u> mit J stets die <u>größere Nummer</u> der benachbarten Knotenpunkte oder der betroffenen Maschenströme gewählt werden. So bleibt das Eingeben von K = 0 für die zum Knotenpunkt 0 hin liegenden Leitwerte oder die Einströmungen zu den Knoten sowie für die nur zu einem Maschenstrom gehörenden Widerstände erspart. Quellenspannungen sind stets über J für die Maschenströme $\underline{I}_j$ einzugeben.

Mit diesem Eingabeprogramm werden automatisch die Matrizengleichungen (6.1) und (6.2) aufgestellt. Intern wird über die Anweisung DIM B(n,n) ein zweidimensionales <u>Datenfeld</u> B(0,0) bis B(n,n) vorbereitet und entsprechend Tafel 5.1 belegt. Es können dann z.B. mit dem PC-1251 Netzwerke mit bis zu m = 18 Maschen oder k = 19 Knotenpunkten analysiert werden. Analog zum Programm 1.32 wird das rechte obere Dreieck des Datenfeldes mit den Realteilen und das linke untere Dreieck mit den Imaginärteilen der komplexen Matrizengleichung besetzt; die Diagonale bleibt wieder frei. Das <u>Gleichungssystem</u> wird wie im Programm 1.32 mit dem <u>Gauß-Eliminationsverfahren</u> gelöst. Die gewählte Anordnung hat den Vorteil, daß zum Schluß bei der Ordnungszahl n die Lösungen

Re $\underline{U}_j$ oder Re $\underline{I}_j$ über B(j,n + 1) (6.7)

Im $\underline{U}_j$ oder Re $\underline{I}_j$ über B(n + 1,j) (6.8)

nochmals leicht aufgerufen werden können.

Daher lassen sich nach dem Bestimmen der in Bild 6.1 oder 6.2 eingetragenen Spannungen und Ströme auch noch die restlichen Spannungen und Ströme über einen folgenden Programmteil leicht finden. Nach dem Aufruf J.K?, dem die Eingabe der zugehörigen Knotenpunkte

J und K, zwischen denen die Spannung

$$\underline{U}_{jk} = \underline{U}_j - \underline{U}_k \tag{6.9}$$

auftritt, folgen muß bzw. der Indizes der Maschenströme, denen der Strom

$$\underline{I}_{jk} = \underline{I}_j - \underline{I}_k \tag{6.10}$$

zuzuordnen ist, wird die erforderliche Differenz gebildet und ausgegeben. Nach dem Eingeben der zugehörigen Leitwerte $\underline{Y}_{jk}$ bzw. der Widerstände $\underline{Z}_{jk}$ werden außerdem die entsprechenden Teilströme $\underline{I}_{jk}$ bzw. Teilspannungen $\underline{U}_{jk}$ berechnet.

Es sind stets Real- und Imaginärteil einzugeben. Wenn die Eingabedaten in der Polarform $\underline{A} = A\ e^{j\alpha} = A\ \underline{/\alpha}$ vorliegen, kann man sie noch während der Eingabe in die Komponentenform

$$\underline{A} = A \cos \alpha + j\ A \sin \alpha$$

bringen. Auch die Inversion

$$\underline{Y} = \frac{1}{\underline{Z}} = \frac{1}{Z}\ \underline{/- \varphi} = \frac{1}{Z} \cos \varphi - j\ \frac{1}{Z} \sin \varphi \tag{6.11}$$

läßt sich noch während der Eingabe vornehmen.

Die Ergebnisse werden je nach der Wahl von E oder K in der Polar- (E) oder der Komponentenform (K) - und zwar in einem vierziffrigen gerundeten Exponentialformat (Real- und Imaginärteil getrennt durch J, Betrag und Winkel dagegen durch <) und der Winkel im gerundeten Normalformat mit einer Nachkommastelle - gleichzeitig nebeneinander angezeigt. Intern wird natürlich stets mit 12 Stellen gerechnet.

Hinweise. Das Programm muß sehr sorgfältig - einschließlich der angegebenen Zwischenräume - eingetastet werden.

Den Befehl S erreicht man nur über eine beliebige (und nicht weiter registrierte) Eingabe J.K - z.B. 1 ENTER.

Es wird dringend empfohlen, die Reihenfolge wie in den Beispielen aufzuschreiben, da man sonst bei den vielen Daten leicht den Überblick verliert und nicht mehr weiß, welche man richtig eingegeben hat oder wo man u.U. berichtigen muß.

Datenregister. A: n, B bis F: Zähler und Zeiger, H$, N$, O$, Q$, R$, U$: Stringvariable, T, V bis Y: Arbeitsspeicher, B(0,1) bis B(n,n): Koeffizienten

Programm 1.33

Erläuterung

Wahl des Verfahrens

```
110:"N": PRINT "NETZWERK
    ANALYSE": CLEAR :
    INPUT "KP MS?",U$,"N
    ?",A: GOSUB 660: IF
    U$="MS" THEN 130
```

Wahl der Eingabegröße

```
120:O$="U":Q$="Y I S":
    GOTO 140
130:O$="I":Q$="Z U S"
140:GOSUB 620:C=D: PAUSE
    Q$: INPUT N$: IF (N$
    ="U") OR (N$="I")
    THEN 210
145:IF N$="S" THEN 220
```

Eingabe Leitwert oder Widerstand

```
150:INPUT "RE?",X: IF D
    <>0 LET C=D-1:E=F:
    GOSUB 640:E=D: GOSUB
    640
170:E=F:C=E-1: GOSUB 650
180:INPUT "IM?",X: IF D
    <>0 LET E=D-1:C=F:
    GOSUB 640:C=D: GOSUB
    640
200:C=F:E=F-1: GOSUB 650
    : GOTO 140
```

Eingabe Strom oder Spannung

```
210:INPUT "RE?",X:C=F-1:
    E=G: GOSUB 650:
    INPUT "IM?",X:C=G:E=
    F-1: GOSUB 650: GOTO
    140
220:GOSUB 870
```

Berechnung von Zweiggrößen

```
230:GOSUB 620: IF D=0
    LET D=G
235:X=B(F-1,G)-B(D-1,G):
    Y=B(G,F-1)-B(G,D-1):
    GOSUB 890: GOSUB 970
240:GOSUB 615: PAUSE
    LEFT$ (Q$,1): INPUT
    X,"IM?",Y: GOSUB 570
    :N$=O$:O$= MID$ (Q$,
    3,1): GOSUB 890:O$=N
    $: GOTO 230
```

```
540:GOSUB 600:Z=X*X+Y*Y:        komplexe Division
    V=X/Z:W=-Y/Z:E=C+1
560:GOSUB 600
570:Z=X:X=Z*V-Y*W:Y=Z*W+        komplexe Multiplikation
    Y*V: RETURN
600:X=B(B,E):Y=B(E,B):          Datenaufruf
    RETURN
610:GOSUB 540
615:V=X:W=Y: RETURN
620:INPUT "J.K?",F:C=F:F        Eingabe Zweigdaten
    = INT F:D=10*(C-F):
    RETURN
630:B(E,C)=B(E,C)-Y             Addition oder Subtraktion
640:X=-X
650:B(C,E)=B(C,E)+X:
    RETURN
660:G=A+1: DIM B(G,G):          Wahl des Datenfeldes
    RETURN
800:FOR B=0 TO A-2              Reduktion des Gleichungssystems
810:FOR C=B+1 TO A-1:E=B
    +1: GOSUB 610
820:FOR E=C+1 TO G:
    GOSUB 560: GOSUB 630
    : NEXT E: NEXT C:
    NEXT B: RETURN
830:FOR D=A-1 TO 0 STEP         Rückwärts-Algorithmus
    -1:B=D:C=A:E=D+1:
    GOSUB 610
840:B(B,E)=V:B(E,B)=W:
    IF D=0 RETURN
850:FOR B=D-1 TO 0 STEP
    -1:E=D+1: GOSUB 560:
    C=B:E=G: GOSUB 630:
    NEXT B: NEXT D:
    RETURN
870:GOSUB 800: GOSUB 830        Gauß-Elimination
    : BEEP 1: INPUT "E K
    ?",H$
```

```
880:FOR C=1 TO A:B=C-1:
    GOSUB 600: GOSUB 890
    : NEXT C: RETURN
890:R$=O$+ STR$ C+"=":           Ausgabe des Formelzeichens
    PRINT R$: IF H$="K"
    THEN 930
900:GOSUB 960
925:GOSUB 990: GOSUB 979         Ausgabe in Polarform
    : PRINT Z;" < ";
    USING ;Y: RETURN
930:GOSUB 979:X=Z:Z=Y:           Ausgabe in Komponentenform
    GOSUB 980: PRINT X;"
     J";Z: RETURN
960:DEGREE :Z=√(X*X+Y*Y)         Umrechnen in Polarform
    : IF Z LET Y= ACS (X
    /Z)*( SGN Y+(Y=0)):X
    =Z
961:RETURN
970:DEGREE :Z=X:X=X* COS         Umrechnen in Komponentenform
    Y:Y=Z* SIN Y: RETURN
979:Z=X                          Runden von Betrag und Komponenten
980:IF Z=0 RETURN
981:Z=(5*10^ INT ( LOG (
    ABS Z)-4)+ ABS Z)*
    SGN Z
982:USING "##.###^":
    RETURN
990:Z=1E8+ ABS Y:Y=(Z-1E         Runden des Winkels
    8)* SGN Y: RETURN
```

6.3 Anwendungen

Mit diesem Programm kann man alle Spannungen und Ströme von linearen Netzwerken bei sinusförmigen Eingangsgrößen berechnen. Daher werden mit ihm auch eigene Programme für das Umrechnen von Reihen- in Parallel-Ersatzschaltungen und umgekehrt oder von Stern- in Dreieckschaltungen und umgekehrt überflüssig. Auch Ketten- und Brückenschaltungen oder unsymmetrische Drehstromschaltungen erfordern keine besonderen Programme mehr.

Die ersten einfachen Beispiele können auch zum Testen des Programms benutzt werden. Alle Anwendungsbeispiele sollen zeigen, wie man dieses Programm sinnvoll einsetzen kann und wie man bestimmte Netzwerke u.U. vorbereiten oder umformen muß. Daneben enthält Abschn. 4 weitere Beispiele, die mit diesem Programm vorteilhaft bearbeitet werden können. Jeder Leser kann mit ihnen prüfen, wie weit er schon in der Lage ist, Aufgaben vorzubereiten und den Lösungsweg selbst zu finden.

Beispiel 6.1. Für das Netzwerk in Bild 6.8 sollen die komplexen Teilspannungen $\underline{U}_1$, $\underline{U}_2$, $\underline{U}_3$ und die Ströme $\underline{I}_{21}$ und $\underline{I}_2$ bestimmt werden.

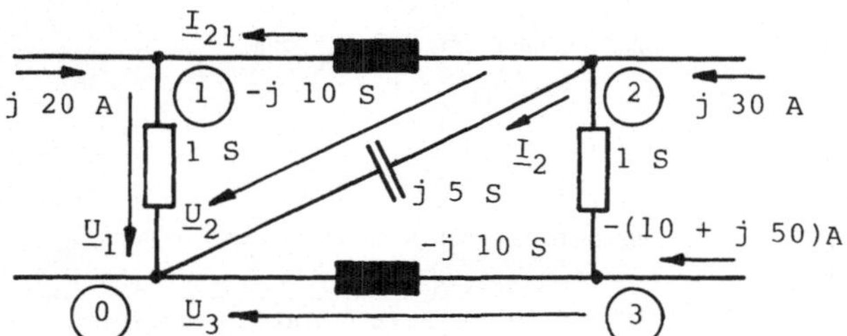

Bild 6.8 Netzwerk

Man kann sofort den Rechengang einleiten

Eingabe	Ausgabe		Eingabe	Ausgabe	
DEF N	NETZWERANALYSE		0 ENTER	J.K?	
ENTER	KP MS?		3 ENTER	Y I S	?
KP ENTER	N?		Y ENTER	RE?	
3 ENTER	J.K?		0 ENTER	IM?	
1 ENTER	Y I S	?	-10 ENTER	J.K?	
Y ENTER	RE?		1 ENTER	Y I S	?
1 ENTER	IM?		I ENTER	RE?	
0 ENTER	J.K?		0 ENTER	IM?	
2.1 ENTER	Y I S	?	20 ENTER	J.K?	
Y ENTER	RE?		2 ENTER	Y I S	?
0 ENTER	IM?		I ENTER	RE?	
-10 ENTER	J.K?		0 ENTER	IM?	
2 ENTER	Y I S	?	30 ENTER	J.K?	
Y ENTER	RE?		3 ENTER	Y I S	?
0 ENTER	IM?		I ENTER	RE?	
5 ENTER	J.K?		-10 ENTER	IM?	
3.2 ENTER	Y I S	?	-50 ENTER	J.K?	
Y ENTER	RE?		1 ENTER	Y I S	?
1 ENTER	IM?		S ENTER	E K?	

Eingabe	Ausgabe	Eingabe	Ausgabe
E ENTER	U1=	0 ENTER	IM?
ENTER	7.436E 00 < 12.5	-10 ENTER	I2.1=
ENTER	U2=	ENTER	1.978E 01 <-68.5
ENTER	9.395E 00 < 14.4	ENTER	J.K?
ENTER	U3=	2 ENTER	U2=
ENTER	4.744E 00 <-6.8	ENTER	9.395E 00 < 14.4
ENTER	J.K?	ENTER	Y ?
2.1 ENTER	U2.1=	0 ENTER	IM?
ENTER	1.978E 00 < 21.5	5 ENTER	I2=
ENTER	Y ?	ENTER	4.697E 01 <104.4

Es herrschen also die Spannungen $\underline{U}_1 = 7{,}436\ V\ \angle 12{,}5^\circ$, $\underline{U}_2 = 9{,}395\ V\ \angle 14{,}4^\circ$, $\underline{U}_3 = 4{,}744\ V\ \angle -6{,}8^\circ$ und $\underline{U}_{21} = 1{,}978\ V\ \angle 21{,}5^\circ$, und es fließen die Ströme $\underline{I}_{21} = 19{,}78\ A\ \angle -68{,}5^\circ$ und $\underline{I}_2 = 46{,}97\ A\ \angle 104{,}4^\circ$.

Beispiel 6.2. Für das Netzwerk von Bild 6.9 soll der Strom $\underline{I}_{ab}$ berechnet werden.

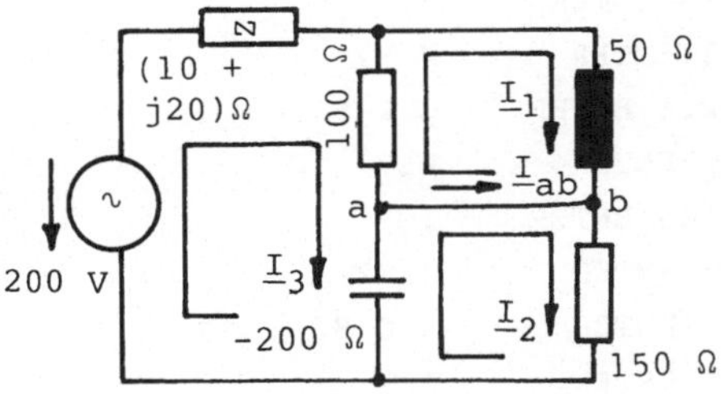

Es werden die Maschenströme $\underline{I}_1$ bis $\underline{I}_3$ gewählt. Ihre Bestimmung verlangt den Rechengang

Bild 6.9 Netzwerk

Eingabe	Ausgabe
DEF N	NETZWERKANALYSE
ENTER	KP MS?
MS ENTER	N?
3 ENTER	J.K?
3 ENTER	Z U S ?
Z ENTER	RE?
10 ENTER	IM?
20 ENTER	J.K?
3.1	Z U S ?
Z ENTER	RE?
100 ENTER	IM?
0 ENTER	J.K?
1 ENTER	Z U S ?
Z ENTER	RE?
0 ENTER	IM?
50 ENTER	J.K?

Eingabe	Ausgabe
2 ENTER	Z U S ?
Z ENTER	RE?
150 ENTER	IM?
0 ENTER	J.K?
3.2 ENTER	Z U S ?
Z ENTER	RE?
0 ENTER	IM?
-200 ENTER	J.K?
3 ENTER	Z U S ?
U ENTER	RE?
200 ENTER	IM?
0 ENTER	J.K?

Eingabe	Ausgabe
1 ENTER	Z U S ?
S ENTER	E K?
E ENTER	I1=
ENTER	1.413E 00 <-21.1
ENTER	I2=
ENTER	1.264E 00 <-31.4
ENTER	I3=
ENTER	1.580E 00 <5.4
ENTER	J.K?
2.1 ENTER	I2.1=
ENTER	2.827E-01 <-148.

Es fließt also der Strom $\underline{I}_{ab}$ = 0,2827 A $\underline{/-\ 148^{\circ}}$.

Beispiel 6.3. Für die Schaltung von Bild 6.10 soll der komplexe Eingangsleitwert $\underline{Y}_e$ bestimmt werden.

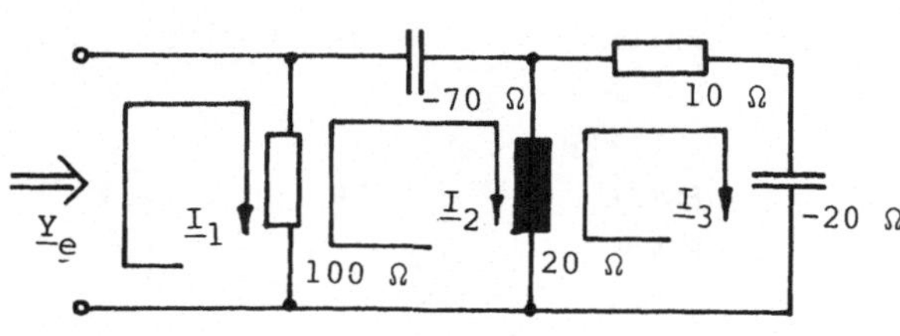

Bild 6.10 Netzwerk

Bei Vorgabe von $\underline{U}_e$ = 1 V ist $\{\underline{Y}_e\} = \{\underline{I}_e\}$; dieser Strom kann einfach mit dem Maschenstromverfahren als $\underline{I}_e = \underline{I}_1$ ermittelt werden.

Somit ist der Rechengang

Eingaben	Ausgabe	Eingaben	Ausgabe
DEF N	NETZWERKANALYSE	0 ENTER	IM?
ENTER	KP MS?	20 ENTER	J.K?
MS ENTER	N?	3 ENTER	Z U S ?
3 ENTER	J.K?	Z ENTER	RE?
2.1 ENTER	Z U S ?	10 ENTER	IM?
Z ENTER	RE?	-20 ENTER	J.K?
100 ENTER	IM?	1 ENTER	Z U S ?
0 ENTER	J.K?	U ENTER	RE?
2 ENTER	Z U S ?	1 ENTER	IM?
Z ENTER	RE?	0 ENTER	J.K?
0 ENTER	IM?	1 ENTER	Z U S ?
-70 ENTER	J.K?	S ENTER	E K?
3.2 ENTER	Z U S ?	E ENTER	I1=
Z ENTER	RE?	ENTER	2.322E-02 < 31.7

Es herrscht also der Eingangsleitwert $\underline{Y}_e$ = 23,22 mS $\underline{/31,7^{\circ}}$.

Beispiel 6.4. Die Schaltung in Bild 6.11 a besteht aus den komplexen Widerständen $\underline{Z}_1$ = 6 Ω $\underline{/-\ 30^{\circ}}$, $\underline{Z}_2$ = j 4 Ω, $\underline{Z}_3$ = 17 Ω $\underline{/40^{\circ}}$, $\underline{Z}_4$ = 2 Ω und $\underline{Z}_5$ = 4 Ω $\underline{/35^{\circ}}$. Es soll das komplexe Spannungsverhältnis $\underline{U}_a/\underline{U}_e$ bestimmt werden.

Um das Knotenpunktpotential-Verfahren anwenden zu können, wird die Schaltung entsprechend Bild 6.11 b umgeformt. Hierbei darf der stromlose Widerstand $\underline{Z}_3$ außer Betracht bleiben.

Mit $\underline{U}_e$ = 1 V und Gl. (6.11) erhält man den Rechengang

Eingaben	Ausgabe
DEF N	NETZWERKANALYSE
ENTER	KP MS?
KP ENTER	N?
2 ENTER	J.K?
1 ENTER	Y I S ?
Y ENTER	RE?
COS35/4 ENTER	IM?
-SIN35/4 ENTER	J.K?
2.1 ENTER	Y I S ?
Y ENTER	RE?
0 ENTER	IM?
-1/4 ENTER	J.K?
2 ENTER	Y I S ?
Y ENTER	RE?
1/2 ENTER	IM?
0 ENTER	J.K?
2 ENTER	Y I S ?
Y ENTER	RE?
COS30/6 ENTER	IM?
SIN30/6 ENTER	J.K?
2 ENTER	Y I S ?
I ENTER	RE?

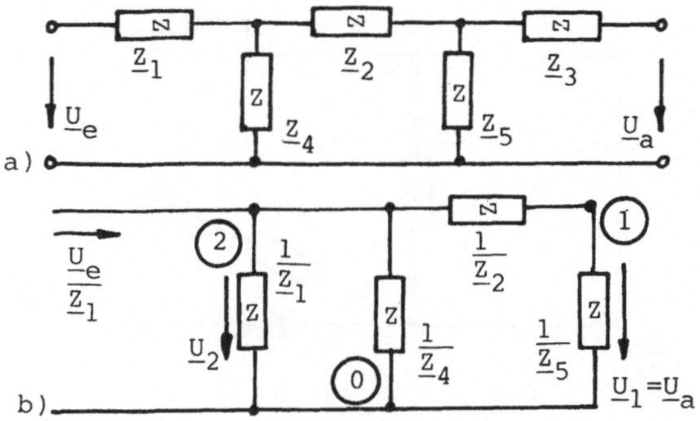

Bild 6.11 Kettenschaltung (a) und umgeformte Kettenschaltung (b)

Eingaben	Ausgabe
COS30/6 ENTER	IM?
SIN30/6 ENTER	J.K?
1 ENTER	Y I S ?
S ENTER	E K?
E ENTER	U1=
ENTER	1.322E-01 < 5.9

Das Spannungsverhältnis beträgt also (in Übereinstimmung mit Beispiel 4.11) $\underline{U}_a/\underline{U}_e = 0{,}1322\ \underline{/5{,}9^\circ}$.

Beispiel 6.5. Für die Schaltung von Bild 6.12 a und die Widerstandswerte $R_{a1} = 10\ \mathrm{k\Omega}$ und $R_{a2} = 20\ \mathrm{k\Omega}$ soll das komplexe Spannungsverhältnis $\underline{U}_a/\underline{U}_e$ ermittelt werden.

Eine Lösung mit dem Knotenpunktpotential-Verfahren verlangt eine Umformung des Netzwerks - z.B. die Verlegung der idealen Spannungsquellen nach Bild 6.12 b - und ihre Umwandlung in Einströmungen sowie der Widerstände in Leitwerte entsprechend Bild 6.12 c.

Zunächst ist der Widerstand $\underline{Z} = (3 + j\ 2)\ \mathrm{k\Omega}$ in einen komplexen Leitwert $\underline{Y} = 1/\underline{Z}$ umzurechnen. Dies geschieht am einfachsten mit der komplexen Inversion von Programm 1.31. Wenn dieses gerade nicht im Programmspeicher ist, kann man auch mit dem Programm 1.26 die Polarform $\underline{Z} = 3{,}606\ \mathrm{k\Omega}\ \underline{/33{,}7^\circ}$ bilden und den Kehrwert $\underline{Y} = 1/(3{,}606\ \mathrm{k\Omega}$

/33,7°) entsprechend Gl. (6.11) als Eingabe einbringen. Das Programm 1.31 liefert dagegen sofort den auch in Bild 6.12 c eingetragenen komplexen Leitwert $\underline{Y}$ = (0,2308 - j 0,1538) mS.

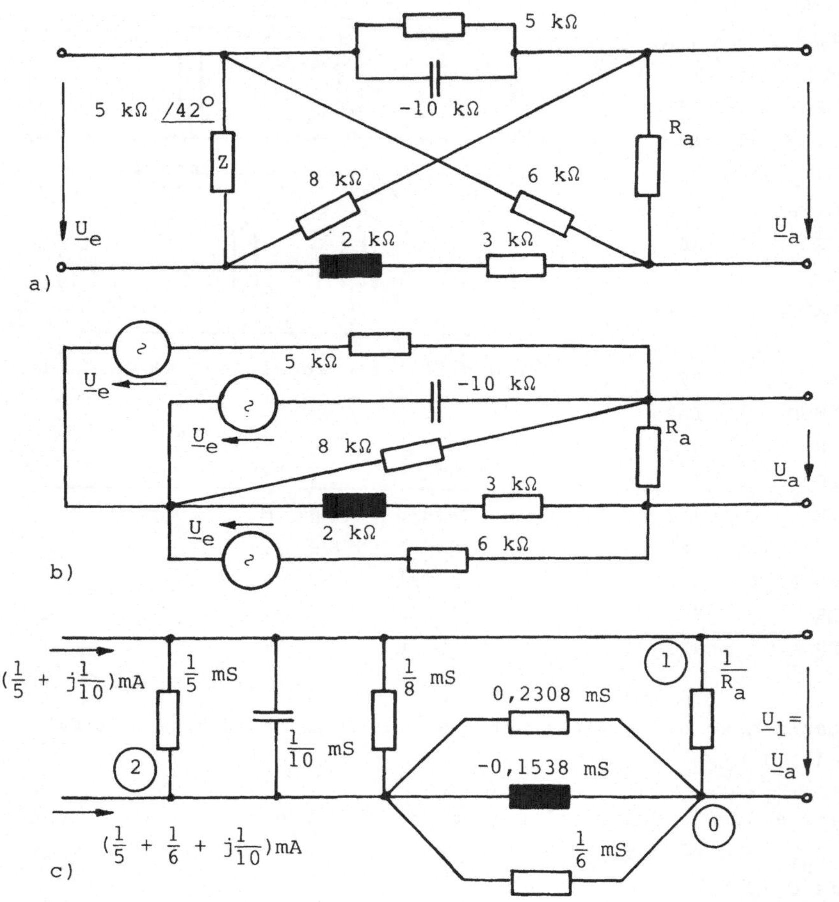

Bild 6.12 Netzwerk (a) mit verlegten (b) und umgewandelten (c) Quellen

Für den weiteren Rechengang gilt

Eingaben	Ausgabe	Eingaben	Ausgabe
DEF N	NETZWERKANALYSE	1 ENTER	Y I S ?
ENTER	KP MS?	Y ENTER	RE?
KP ENTER	N?	1/10E3 ENTER	IM?
2 ENTER	J.K?	0 ENTER	J.K?

Eingaben	Ausgabe	Eingaben	Ausgabe
2 ENTER	Y I S ?	1/5E3 ENTER	IM?
Y ENTER	RE?	1/10E3 ENTER	J.K?
.2308E-3+1/6E3 ENTER	IM?	2 ENTER	Y I S ?
-.1538E-3 ENTER	J.K?	I ENTER	RE?
2.1 ENTER	Y I S ?	-1/5E3-1/6E3 ENTER	IM?
Y ENTER	RE?	-1/10E3 ENTER	J.K?
1/5E3+1/8E3 ENTER	IM?	1 ENTER	Y I S ?
1/10E3 ENTER	J.K?	S ENTER	E K?
1 ENTER	Y I S ?	E ENTER	U1=
I ENTER	RE?	ENTER	1.906E-01 <-6.6

Daher ist $\underline{U}_a/\underline{U}_e$ = 0,1906 $\underline{/- 6,6^{\circ}}$.

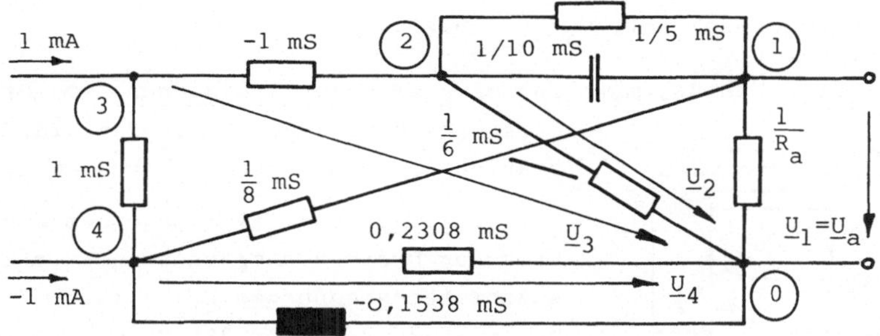

Bild 6.13 Umgeformtes Netzwerk zu Bild 6.12 a

Man kann diese Aufgabe auch durch einen Ansatz zur Umformung der Spannungsquelle nach Bild 6.7 a lösen. Dann erhält man die Schaltung von Bild 6.13, die hier für R_{a2} = 20 kΩ untersucht wird, mit dem Rechengang

Eingaben	Ausgabe	Eingaben	Ausgabe
DEF N	NETZWERKANALYSE	1/6E3 ENTER	IM?
ENTER	KP MS?	0 ENTER	J.K?
KP ENTER	N?	4 ENTER	Y I S ?
4 ENTER	J.K?	Y ENTER	RE?
1 ENTER	Y I S ?	.2308E-3 ENTER	IM?
Y ENTER	RE?	-.1538E-3 ENTER	J.K?
1/20E3 ENTER	IM?	2.1 ENTER	Y I S ?
0 ENTER	J.K?	Y ENTER	RE?
2 ENTER	Y I S ?	1/5E3 ENTER	IM?
Y ENTER	RE?	1/10E3 ENTER	J.K?

Eingaben	Ausgabe	Eingaben	Ausgabe
3.2 ENTER	Y I S ?	3 ENTER	Y I S ?
Y ENTER	RE?	I ENTER	RE?
-1E-3 ENTER	IM?	1E-3 ENTER	IM?
0 ENTER	J.K?	0 ENTER	J.K?
4.3	Y I S ?	4 ENTER	Y I S ?
Y ENTER	RE?	I ENTER	RE?
1E-3 ENTER	IM?	-1E-3 ENTER	IM?
0 ENTER	J.K?	0 ENTER	J.K?
4.1 ENTER	Y I S ?	1 ENTER	Y I S ?
Y ENTER	RE?	S ENTER	E K?
1/8E3 ENTER	IM?	E ENTER	U1=
0 ENTER	J.K?	ENTER	2.287E-01 <-6.6

Daher ist in diesem Fall $\underline{U}_a/\underline{U}_e = 0{,}2287\ \underline{/-\ 6{,}6^\circ}$.

Beispiel 6.6. Ein unsymmetrischer Dreiphasenverbraucher nach Bild 6.14 besteht aus den komplexen Widerständen $\underline{Z}_1 = 20\ \Omega\ \underline{/60^\circ}$, $\underline{Z}_2 = j\ 40\ \Omega$, $\underline{Z}_3 = 10\ \Omega\ \underline{/-\ 30^\circ}$ und liegt an einem symmetrischen Dreiphasenspannungsnetz mit den Außenleiterspannungen $\underline{U}_{12} = 380\ V\ \underline{/-\ 60^\circ}$, $\underline{U}_{23} = -\ 380\ V$, $\underline{U}_{31} = 380\ V\ \underline{/60^\circ}$. Alle Ströme sollen berechnet werden, und das vollständige Strom- und Spannungszeigerdiagramm ist zu zeichnen.

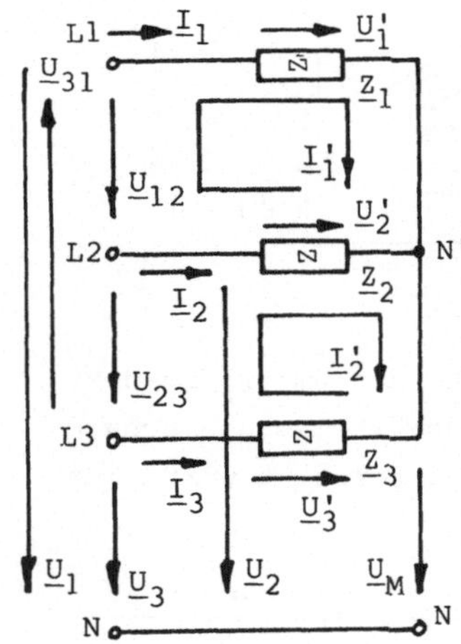

Bild 6.14 Unsymmetrische Sternschaltung

Wir wenden unter Beachtung von Gl. (3.19) und (3.20) das Maschenstrom-Verfahren an mit dem folgenden Rechengang

Eingaben	Ausgabe	Eingaben	Ausgabe
DEF N	NETZWERKANALYSE	20*SIN60 ENTER	J.K?
ENTER	KP MS?	2.1 ENTER	Z U S ?
MS ENTER	N?	Z ENTER	RE?
2 ENTER	J.K?	0 ENTER	IM?
1 ENTER	Z U S ?	40 ENTER	J.K?
Z ENTER	RE?	2 ENTER	Z U S ?
20*COS60 ENTER	IM?	Z ENTER	RE?

Eingaben	Ausgabe	Eingaben	Ausgabe
10*COS30 ENTER	IM?	ENTER	Z ?
-10*SIN30 ENTER	J.K?	0 ENTER	IM?
1 ENTER	Z U S ?	40 ENTER	U2.1=
U ENTER	RE?	ENTER	2.082E 02 <-164.5
380*COS60 ENTER	IM?	ENTER	J.K?
-380*SIN60 ENTER	J.K?	1 ENTER	I1=
2 ENTER	Z U S ?	ENTER	1.925E 01 <-151.6
U ENTER	RE?	ENTER	Z ?
-380 ENTER	IM?	20*COS60 ENTER	IM?
0 ENTER	J.K?	20*SIN60 ENTER	U1=
1 ENTER	Z U S ?	ENTER	3.849E 02 <-91.6
S ENTER	E K?	ENTER	J.K?
E ENTER	I1=	2 ENTER	I2=
ENTER	1.925E 01 <-151.6	ENTER	1.878E 01 <-167.3
ENTER	I2=	ENTER	Z ?
ENTER	1.878E 01 <-167.3	10*COS30 ENTER	IM?
ENTER	J.K?	-10*SIN30 ENTER	U2=
2.1 ENTER	I2.1=	ENTER	1.878E 02 < 162.7
ENTER	5.205E 00 < 105.5		

Da die Indizes des Rechengangs nicht mit Bild 6.15 übereinstimmen, werden hier nochmals die Ergebnisse zusammengestellt:
$\underline{I}_1$ = 19,25 A $\underline{/-151,6^\circ}$, $\underline{I}_2$ = 5,205 A $\underline{/105,5^\circ}$, $\underline{I}_3$ = 18,78 A $\underline{/-167,3^\circ}$,
$\underline{U}_1$ = 384,9 V $\underline{/-91,6^\circ}$, $\underline{U}_2$ = 208,2 V $\underline{/-164,5^\circ}$, $\underline{U}_3$ = 187,8 V $\underline{/162,7^\circ}$.
Somit kann das Zeigerdiagramm von Bild 6.15 gezeichnet werden, das auch die Bedingung $\underline{I}_1 + \underline{I}_2 + \underline{I}_3 = 0$ erfüllt.

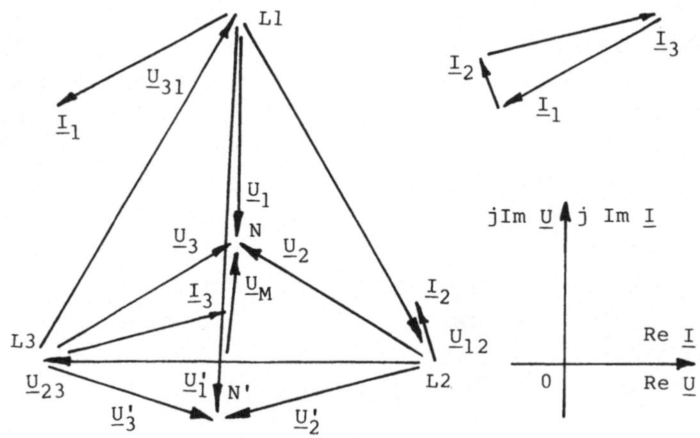

Bild 6.15
Zeigerdiagramm für das Netzwerk von Bild 6.14

Beispiel 6.7. Ein Dreiphasenverbraucher ist nach Bild 6.16 in Dreieck geschaltet /11/, /46/. Er besteht aus den komplexen Widerständen $\underline{Z}_{12}$ = 50 Ω /60°, $\underline{Z}_{23}$ = 25 Ω /30° und $\underline{Z}_{31}$ = 40 Ω /- 30° und liegt an einem Dreileiternetz mit den Außenleiterspannungen $\underline{U}_{12}$ = 380 V /- 60°, $\underline{U}_{23}$ = - 380 V, $\underline{U}_{31}$ = 380 V /60°. Es sollen in Erweiterung zu Beispiel 4.9 alle Ströme berechnet werden.

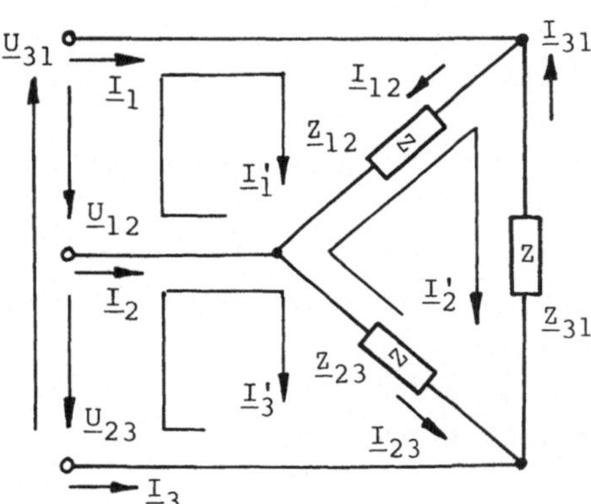

Bild 6.16 Unsymmetrische Dreieckschaltung

Wir wenden das Maschenstrom-Verfahren an, wählen die in Bild 6.16 eingetragenen Maschenströme $\underline{I}'_1$ bis $\underline{I}'_3$ und erhalten wegen $\underline{A}$ = A /α = A cos α + j A sin α den Rechengang

Eingaben	Ausgabe	Eingaben	Ausgabe
DEF N	NETZWERKANALYSE	-380 ENTER	IM?
ENTER	KP MS?	0 ENTER	J.K?
MS ENTER	N?	1 ENTER	Z U S ?
3 ENTER	J.K?	S ENTER	E K?
2.1 ENTER	Z U S ?	E ENTER	I1=
Z ENTER	RE?	ENTER	1.652E 01 <-103.3
50*COS60 ENTER	IM?	ENTER	I2=
50*SIN60 ENTER	J.K?	ENTER	9.500E 00 <-90.
3.2 ENTER	Z U S ?	ENTER	I3=
Z ENTER	RE?	ENTER	1.330E 01 <-171.8
25*COS30 ENTER	IM?	ENTER	J.K?
25*SIN30 ENTER	J.K?	2.1 ENTER	I2.1=
2 ENTER	Z U S ?	ENTER	7.600E 00 <60.
Z ENTER	RE?	ENTER	Z ?
40*COS30 ENTER	IM?	0 ENTER	IM?
40*SIN-30 ENTER	J.K?	0 ENTER	U2.1=
1 ENTER	Z U S ?	ENTER	0.000E 00 < 0.
U ENTER	RE?	ENTER	J.K?
380*COS60 ENTER	IM?	3.2 ENTER	I3.2=
380*SIN-60 ENTER	J.K?	ENTER	1.520E 01 < 150.
3 ENTER	Z U S ?	ENTER	Z ?
U ENTER	RE?	0 ENTER	IM?

Eingaben	Ausgabe
0 ENTER	U3.2=
ENTER	0.000E 00 < 0.
ENTER	J.K?
3.1 ENTER	I3.1=
ENTER	1.699E 01 < 123.4

(Man beachte, daß die Indizes im Rechengang nicht mit den Indizes der Spannungen und Widerstände von Bild 6.16 übereinstimmen. Im Anschluß an I2.1 (und I3.2) wird willkürlich $\underline{Z}$2.1 = 0 + j 0 eingegeben. Mit $\underline{Z}_{12}$ ergibt sich $\underline{U}_{12}$, was aber schon bekannt ist. Nur über diesen Umweg gelangt man zu I3.2. Für die Anweisungen COS und SIN hätte man auch den RESERVE-Speicher entsprechend Abschn. 3.2.1 nutzen können.)

Die Berechnung liefert also unter Beachtung der in Bild 6.16 eingetragenen Stromzählpfeile die komplexen Ströme $\underline{I}_1 = \underline{I}_1' = 16{,}52$ A $\underline{/-103{,}3^\circ}$, $\underline{I}_2$ = I3.1 = 16,99 A $\underline{/123{,}4^\circ}$, $\underline{I}_3$ = -I3 = 13,3 A $\underline{/8{,}2^\circ}$, $\underline{I}_{12}$ = -I2.1 = 7,6 A $\underline{/-120^\circ}$, $\underline{I}_{23}$ = I3.2 = 15,2 A $\underline{/150^\circ}$ und $\underline{I}_{31}$ = -I2 = 9,5 A $\underline{/90^\circ}$.

<u>Beispiel 6.8</u>. Für das Netzwerk von Bild 6.17 sollen die Kenndaten einer <u>Ersatzquelle</u> bezüglich der Klemmen a und b angegeben werden.

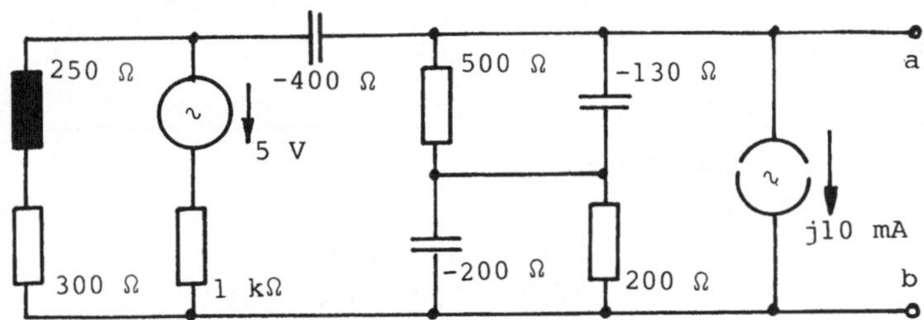

Bild 6.17 Netzwerk

Eine Ersatzquelle ist nach /11/ schon durch zwei der drei Bestimmungsgrößen <u>Quellenspannung</u> $\underline{U}_{qE}$, <u>Qellenstrom</u> $\underline{I}_{qE}$ und <u>Innenwiderstand</u> $\underline{Z}_{iE} = 1/\underline{Y}_{iE}$ festgelegt. Man kann den Lösungsgang erheblich verkürzen, wenn man zunächst die beiden RC-Glieder in der Mitte des Netzwerks zu einem komplexen Widerstand zusammenfaßt. Man erhält seinen Wert am schnellsten mit einer komplexen Arithmetik, also z.B. dem Programm 1.31. Wenn dieses nicht zur Verfügung steht, findet man ihn auch mit den Programmen 1.26 und 1.27 über den Rechengang

Eingaben	Ausgabe
DEF V	KOM IN POL RE?
1/500 ENTER	IM?

Eingaben	Ausgabe
-1/130 ENTER	7.948E-03 <-75.4
X=1/X ENTER	125.8169259

Eingaben	Ausgabe	Eingaben	Ausgabe
G. 970 ENTER	ERROR 5 IN 970[1]	-1/200 ENTER	7.071E-03 <-45.
CL	>	X=1/X ENTER	141.4213562
A=X ENTER	31.71459177	G.970 ENTER	ERROR 5 IN 970[1]
B=Y ENTER	-121.754193	CL	>
DEF V	KOM IN POL RE?	X=A+X ENTER DEF Z	1.317E 02
1/200 ENTER	IM?	Y=B+Y ENTER DEF Z	-2.218E 02

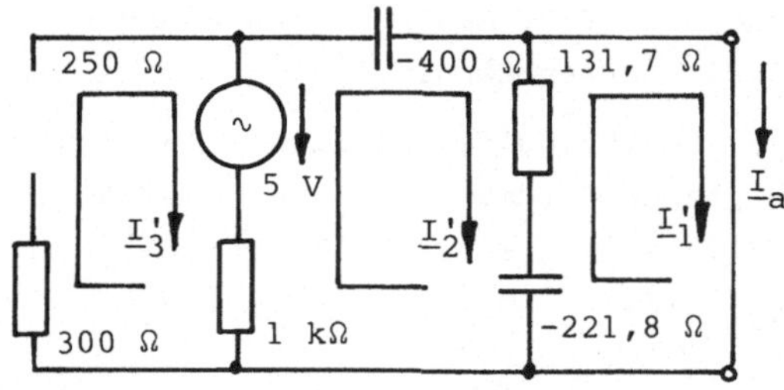

Bild 6.18 Umgeformtes Netzwerk

Seine Werte sind in Bild 6.18 eingetragen.

Der Quellenstrom $\underline{I}_{qE}$ ist identisch mit dem Kurzschlußstrom $\underline{I}_{abk}$, der sich durch Überlagerung einfach berechnen läßt; denn der Quellenstrom j 10 mA wird bei Kurzschluß der Klemmen a und b nur hier fließen. Daneben ist in dem Netzwerk von Bild 6.18 der Strom $\underline{I}'_{abk}$ zu bestimmen. Bei Anwendung des Maschenstrom-Verfahrens erhält man für ihn den Rechengang

Eingaben	Ausgabe		Eingaben	Ausgabe	
DEF N	NETZWERKANALYSE		3 ENTER	Z U S	?
ENTER	KP MS?		Z ENTER	RE?	
MS ENTER	N?		300 ENTER	IM?	
3 ENTER	J.K?		250 ENTER	J.K?	
2.1 ENTER	Z U S	?	2 ENTER	Z U S	?
Z ENTER	RE?		U ENTER	RE?	
131.7 ENTER	IM?		5 ENTER	IM?	
-221.8 ENTER	J.K?		0 ENTER	J.K?	
2 ENTER	Z U S	?	3 ENTER	Z U S	?
Z ENTER	RE?		U ENTER	RE?	
0 ENTER	IM?		-5 ENTER	IM?	
-400 ENTER	J.K?		0 ENTER	J.K?	
3.2 ENTER	Z U S	?	1 ENTER	Z U S	?
Z ENTER	RE?		S ENTER	E K?	
1E3 ENTER	IM?		K ENTER	I1=	
0 ENTER	J.K?		ENTER	1.127E-03 J 3.886E-03	

[1] Die Fehlermeldung ist hier auf die Programmanweisung RETURN zurückzuführen und stört nicht.

Somit ist $\underline{I}'_{abk}$ = (1,127 + j 3,886) mA. Für die Überlagerung gilt

Eingaben	Ausgabe
DEF V	KOM IN POL RE?
1.127E-3 ENTER	IM?
3.886E-3-10E-3 ENTER	6.217E-03 <-79.6

Daher ist der Quellenstrom der Ersatzquelle $\underline{I}_{qE}$ = 6,217 mA $\underline{/-\ 79{,}6^{\circ}}$.

Einfach zu bestimmen ist ferner der innere Leitwert $\underline{Y}_{iE}$. Überbrückt man nämlich in Bild 6.18 die Quelle mit der Spannung 5 V und läßt zwischen a und b die Eingangsspannung $\underline{U}_e$ = 1 V wirken, gilt $\{\underline{Y}_{iE}\}$ = $\{-\ \underline{I}_1\}$. Hierfür ist bei erneuter Anwendung des Maschenstrom-Verfahrens und somit des Programms 1.33 mit einer bis zur Linie ----- gleichen Eingabe wie vorher der Rechengang

Eingaben	Ausgabe	Eingaben	Ausgabe
DEF N	NETZWERANALYSE	1 ENTER	Z U S ?
:		S ENTER	E K?
250 ENTER	J.K?	E ENTER	I1=
1 ENTER	Z U S ?	ENTER	6.569E-03 <-126.7
U ENTER	RE?	1/X ENTER	152.226488
-1 ENTER	IM?	*6.217E-3 ENTER	9.463920759E-01
0 ENTER	J.K?	CL-53.3-79.6 ENTER	-132.9

Somit betragen der innere Leitwert der Ersatzquelle $\underline{Y}_{iE}$ = 6,569 mS $\underline{/53{,}3^{\circ}}$ bzw. ihr innerer Widerstand $\underline{Z}_{iE} = 1/\underline{Y}_{iE}$ = 152,2 Ω $\underline{/-\ 53{,}3^{\circ}}$ sowie die Quellenspannung $\underline{U}_{qE} = \underline{Z}_{iE}\ \underline{I}_{qE}$ = 152,2 Ω·6,217 mA $\underline{/-\ 53{,}3^{\circ} - 79{,}6^{\circ}}$ = 0,9464 V $\underline{/-\ 132{,}9^{\circ}}$.

Beispiel 6.9. Das Drehstrom-Maschennetz von Bild 6.19 für die Nennspannung U_N = 30 kV bezieht nach /9/ Leistung an zwei Stellen aus einem Hochspannungsnetz mit der festen Spannung U = 110 kV. An einer weiteren Stelle wird die Wirkleistung P_5 = 6 MW bei dem Leistungsfaktor cos φ = 0,9 induktiv eingespeist. Für alle Abnehmer wird der gleiche Leistungsfaktor cos φ = 0,9 induktiv vorausgesetzt. Die Kabel haben bei den

Querschnitten	die Nennströme und die Widerstandsbeläge		
A = 150 mm²	I_N= 316 A	R' = 0,13 Ω/km	X' = 0,126 Ω/km
240 mm²	411 A	0,08 Ω/km	0,118 Ω/km.

Gewählte Querschnitte Q_i, Kabellängen l_i, Leistungsabnahmen P_i und die Transformatordaten können Bild 6.19 entnommen werden. Es sollen die in den Kabeln fließenden Ströme bestimmt werden.

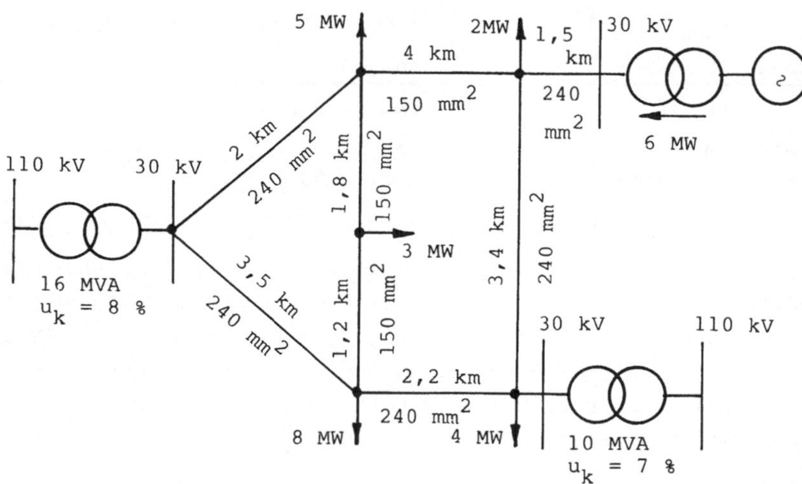

Bild 6.19 Drehstrom-Maschennetz

Wir wollen die Aufgabe mit dem Knotenpunktpotential-Verfahren lösen und bestimmen daher zunächst die Daten der Ersatzschaltung von Bild 6.20. Die Kabelstrecken werden also mit ihren komplexen Leitwerten

$$\underline{Y}_i = \frac{1}{(R' + j\,X')l_i}$$

berücksichtigt. Die Transformatoren haben nach /9/ die Blindleit-

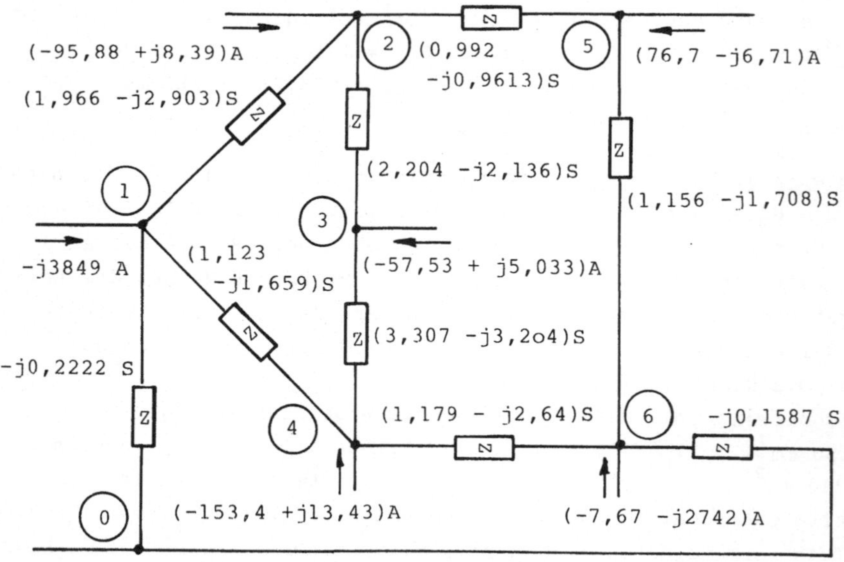

Bild 6.20 Einsträngige Ersatzschaltung für Bild 6.19

werte

$$B_i = \frac{- S_{Ni}}{u_k \ (30\ kV)^2}$$

und aus den Speisespannungen werden dann nach Abschn. 6.1.3 die Einströmungen

$$\underline{I}_{qi} = j\ B_i \cdot 30\ kV/\ \sqrt{3}$$

Die abgegebenen Leistungen P_i werden in die Ströme

$$\underline{I}_i = P_i/(\ \sqrt{3} \cdot 30\ kV)\ \underline{/\ \varphi}$$

umgerechnet. Auf diese Weise erhält man die in Bild 6.20 eingetragenen Werte.

Die komplexen Kabelleitwerte kann man z.B. mit den Programmen 1.26 und 1.27 berechnen. Wir zeigen dies hier exemplarisch für die beiden linken Leitwerte in Bild 6.20:

Eingaben	Ausgabe
DEF V	KOM IN POL RE?
.08 ENTER	IM?
.118 ENTER	1.426E-01 < 55.9
DEF A	POL IN KOM A?
1/.1426 ENTER	<?
-55.9 ENTER	3.932E 00 J-5.807E 00
A=X ENTER	3.932049752
B=Y ENTER	-5.806874717
A/2 DEF Z	1.966E 00
B/2 DEF Z	-2.903E 00
A/3.5 DEF Z	1.123E 00
B/3.5 DEF Z	-1.659E 00

Mit dem Leistungsfaktor cos φ = 0,9 induktiv haben wir bei den Leistungsabgaben und den gewählten Strom-Zählpfeilrichtungen für die Phasenwinkel der Lastströme $\varphi_i = 180^o$ - Arccos 0,9 = $174{,}2^o$ einzusetzen. Hier ist wieder aus der Polarform die Komponentenform zu machen. Beim Knotenpunkt 5 kann man mit der resultierenden Leistung P_5 = 4 MW bei dem Phasenwinkel $\varphi_5 = 180^o + 174{,}2^o = -\ 5{,}8^o$ rechnen. In Punkt 6 sind die Ströme zusammenzufassen.

Somit erhält man den Rechengang

Eingaben	Ausgabe
DEF N	NETZWERKANALYSE
ENTER	KP MS?
KP ENTER	N?
6 ENTER	J.K?
1 ENTER	Y I S ?
Y ENTER	RE?
0 ENTER	IM?
-.2222 ENTER	J.K?
4.1 ENTER	Y I S ?
Y ENTER	RE?
1.123 ENTER	IM?
-1.659 ENTER	J.K?
2.1 ENTER	Y I S ?
Y	RE?
1.966	IM?
-2.903 ENTER	J.K?
5.2 ENTER	Y I S ?
Y ENTER	RE?
.992 ENTER	IM?
-.9613 ENTER	J.K?
3.2 ENTER	Y I S ?
Y ENTER	RE?
2.204 ENTER	IM?
-2.136 ENTER	J.K?
4.3 ENTER	Y I S ?
Y ENTER	RE?
3.307 ENTER	IM?
-3.204 ENTER	J.K?
6.4 ENTER	Y I S ?
Y ENTER	RE?
1.787 ENTER	IM?
-2.64 ENTER	J.K?
6 ENTER	Y I S ?
Y	RE?
0 ENTER	IM?
-.1587 ENTER	J.K?
6.5 ENTER	Y I S ?
Y ENTER	RE?

Eingaben	Ausgabe
1.156 ENTER	IM?
-1.708 ENTER	J.K?
1 ENTER	Y I S ?
I ENTER	RE?
0 ENTER	IM?
-3849 ENTER	J.K?
2 ENTER	Y I S ?
I ENTER	RE?
-95.88 ENTER	IM?
8.39 ENTER	J.K?
3 ENTER	Y I S ?
I ENTER	RE?
-57.53 ENTER	IM?
5.033 ENTER	J.K?
4 ENTER	Y I S ?
I ENTER	RE?
-153.4 ENTER	IM?
13.43 ENTER	J.K?
5 ENTER	Y I S ?
I ENTER	RE?
76.7 ENTER	IM?
-6.71 ENTER	J.K?
6 ENTER	Y I S ?
I ENTER	RE?
-7.67 ENTER	IM?
-2742 ENTER	J.K?
1 ENTER	Y I S ?
S ENTER	E K?
E ENTER	U1=
ENTER	1.726E 04 <-2.1
ENTER	U2=
ENTER	1.725E 04 <-2.1
ENTER	U3=
ENTER	1.724E 04 <-2.2
ENTER	U4=
ENTER	1.724E o4 <-2-2
ENTER	U5=
ENTER	1.727E 04 <-2.

Eingaben	Ausgabe
ENTER	U6=
ENTER	1.726E 04 <-2.1
ENTER	J.K?
4.1 ENTER	U4.1=
ENTER	3.034E 01 <-130.2
ENTER	Y ?
1.123 ENTER	IM?
-1.659 ENTER	I4.1=
ENTER	6.078E 01 < 173.9
ENTER	J.K?
2.1 ENTER	U2.1=
ENTER	2.261E 01 <-131.1
ENTER	Y ?
1.966 ENTER	IM?
-2.903 ENTER	I2.1=
ENTER	7.926E 01 < 173.
ENTER	J.K?
3.2 ENTER	U3.2=
ENTER	1.209E 01 <-135.9
ENTER	Y ?
2.204 ENTER	IM?
-2.136 ENTER	I3.2=
ENTER	3.712E 01 < 180.
ENTER	J.K?
4.3 ENTER	U4.3=
ENTER	4.566E 00 <30.2

Eingaben	Ausgabe
ENTER	Y ?
3.307 ENTER	IM?
-3.204 ENTER	I4.3=
ENTER	2.102E 01 <-13.9
ENTER	J.K?
5.2 ENTER	U5.2=
ENTER	3.934E 01 <45.5
ENTER	Y ?
.992 ENTER	IM?
-.9613 ENTER	I5.2=
ENTER	5.434E 01 < 1.4
ENTER	J.K?
6.5 ENTER	U6.5=
ENTER	1.152E 01 <-143.8
ENTER	Y ?
1.156 ENTER	IM?
-1.708 ENTER	I6.5=
ENTER	2.376E 01 < 160.3
ENTER	J.K?
6.4 ENTER	U6.4=
ENTER	3.576E 01 <49.9
ENTER	Y ?
1.787 ENTER	IM?
-2.64 ENTER	I6.4=
ENTER	1.140E 02 <-6.

In Bild 6.21 sind die in den Netzabschnitten fließenden Ströme eingetragen. Die zulässigen Ströme werden nirgendwo überschritten.

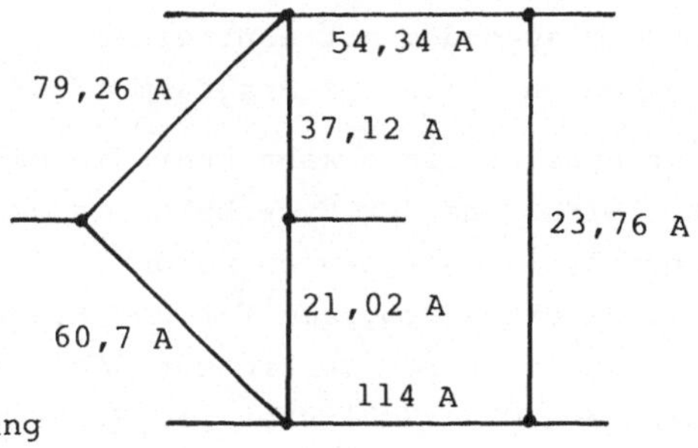

Bild 6.21 Stromverteilung

7 Leitungstheorie

Für die rechnerische Untersuchung langer Leitungen wendet man komplexe Hyperbelfunktionen an. Es sollen daher hier für sie Programme entwickelt und diese wieder bei der Berechnung von Kennwerten und Zustandsgrößen unter Berücksichtigung von Gesichtspunkten der Nachrichten- und der Energietechnik eingesetzt werden.

7.1 Komplexe Hyperbelfunktionen

In der Leitungstheorie /9/, /10/ wendet man komplexe Hyperbelfunktionen an. Sie sind mit der komplexen Zahl $\underline{c}$ = a + j b nach /5/ definiert als

komplexer Hyperbelsinus

$$\sinh \underline{c} = \sinh a \cos b + j \cosh a \sin b \tag{7.1}$$

komplexer Hyperbelcosinus

$$\cosh \underline{c} = \cosh a \cos b + j \sinh a \sin b \tag{7.2}$$

und komplexer Hyperbeltangens

$$\tanh \underline{c} = \frac{\sinh \underline{c}}{\cosh \underline{c}} \tag{7.3}$$

Hierbei sind die in Abschn. 3.2.1.2 behandelten Hyperbelfunktionen sinh z und cosh z mit den dort angegebenen Programmen anzuwenden.

Der Aufbau dieser kleinen Programme ist ohne weitere Erläuterungen zu durchschauen. Mit den Unterprogrammen 370, 375, 380 und 385 wird auch hier schon gearbeitet, um sie als Module außerdem getrennt einsetzen zu können - z.B. im Programm 1.36.

Der Hyperbelsinus kann über die Marke "SINH" und der Hyperbelcosinus über "COSH" aufgerufen werden. Auf ein direktes Programm für den Hyperbeltangens wurde verzichtet, da dieser nach Gl. (7.3) über die Programme 1.34 und 1.35 sowie eine weitere komplexe Division mit dem Programm 1.31 zu finden ist.

Programm 1.34

```
350:"SINH" INPUT "HYPERB
    ELSINUS R K?",A$,"RE
    ?",Z: IF A$="R" THEN
    357
355:INPUT "IM?",Y: GOSUB
    380: GOSUB 930: GOTO
    350
357:GOSUB 370:Z=V: GOSUB
    980: PRINT Z: GOTO 3
    50
370:RADIAN
375:W= EXP Z:V=(W-1/W)/2
    :W=(W+1/W)/2: RETURN
380:GOSUB 370
382:X=V* COS Y:Y=W* SIN
    Y: RETURN
```

Die komplexen Zahlen sind in der Komponentenform einzugeben und werden auch in ihr ausgegeben. Man kann auch über "R" eine rein relle Ein- und Ausgabe wählen; dann wird (schneller) nur reell gerechnet. Die Programme arbeiten im Winkelmodus RADIAN; man muß ihn also u.U. vor weiteren Berechnungen wieder auf DEGREE zurückstellen. Eine weitere Erläuterung erübrigt sich.

Beispiel 7.1. Man berechne x = tanh 2.

Hierfür ist der Rechengang

Eingaben	Ausgabe
G."SINH" ENTER	HYPERBELSINUS R K?
R ENTER	RE?
2 ENTER	3.627E 00
G."COSH" ENTER	HYPERBELCOSINUS R K?
R ENTER	RE?
2 ENTER	3.762E 00
V/W DEF Z	9.640E-01

Also ist x = 0,964.

Beispiel 7.2. Man berechne für $\underline{c}$ = 0,1064 + j 0,939 die komplexen Größen sinh $\underline{c}$ und cosh $\underline{c}$.

Der Rechengang ist

Eingaben	Ausgabe
G."SINH" ENTER	HYPERBELSINUS R K?
K ENTER	RE?
.1064 ENTER	IM?
.939 ENTER	6.296E-02 J 8.115E-01
G."COSH" ENTER	HYPERBELCOSINUS R K?
K ENTER	RE?
.1064 ENTER	IM?
.939 ENTER	5.939E-01 J 8.602E-02

Man findet also hier die Ergebnisse

```
930:GOSUB 979:X=Z:Z=Y:
    GOSUB 980: PRINT X;"
     J";Z: RETURN
979:Z=X
980:IF Z=0 RETURN
981:Z=(5*10^ INT ( LOG (
    ABS Z)-4)+ ABS Z)*
    SGN Z
982:USING "##.###^":
    RETURN
```

Programm 1.35

```
360:"COSH" INPUT "HYPERB
    ELCOSINUS R K?",A$,"
    RE?",Z: IF A$="R"
    THEN 367
365:INPUT "IM?",Y: GOSUB
    385: GOSUB 930: GOTO
    360
367:GOSUB 370:Z=W: GOSUB
    980: PRINT Z: GOTO 3
    60
370:RADIAN
375:W= EXP Z:V=(W-1/W)/2
    :W=(W+1/W)/2: RETURN
385:GOSUB 370:X=W* COS Y
    :Y=V* SIN Y: RETURN
930:GOSUB 979:X=Z:Z=Y:
    GOSUB 980: PRINT X;"
     J";Z: RETURN
979:Z=X
980:IF Z=0 RETURN
981:Z=(5*10^ INT ( LOG (
    ABS Z)-4)+ ABS Z)*
    SGN Z
982:USING "##.###^":
    RETURN
```

sinh (0,1064 + j 0,939) = 0,06296 + j 0,8115 und
cosh (0,1064 + j 0,939) = 0,5939 + j 0,08602.

7.2 Leitungsgleichungen

7.2.1 Grundgleichungen

Mit Widerstandsbelag R', Induktivitätsbelag L', Ableitungsbelag G' und Kapazitätsbelag C' hat nach /9/ und /10/ eine Leitung bei der Frequenz f bzw. der Kreisfrequenz $\omega = 2\,\pi\,f$ den Wellenwiderstand

$$\underline{Z}_L = \sqrt{\frac{R' + j\,\omega\,L'}{G' + j\,\omega\,C'}} \tag{7.4}$$

und mit dem Dämpfungskoeffizienten α und dem Phasenkoeffizieten β den komplexen Ausbreitungskoeffizienten

$$\underline{\gamma} = \alpha + j\,\beta = \sqrt{(R' + j\,\omega\,L')(G' + j\,\omega\,C')} \tag{7.5}$$

Man arbeitet bei der Leitungslänge l auch mit dem Dämpfungsmaß $a = \alpha\,l$ und dem Phasenmaß $b = \beta\,l$ sowie dem komplexen Dämpfungsmaß

$$\underline{g} = a + j\,b \tag{7.6}$$

Wenn man die Größen am Eingang der Leitung mit dem Index e und die am Ausgang mit dem Index a kennzeichnet, erhält man so nach /9/ und /10/ die Leitungsgleichungen

$$\underline{U}_e = \underline{U}_a \cosh \underline{g} + \underline{I}_a\,\underline{Z}_L \sinh \underline{g} \tag{7.7}$$

$$\underline{I}_e = \underline{I}_a \cosh \underline{g} + \frac{\underline{U}_a}{\underline{Z}_L} \sinh \underline{g} \tag{7.8}$$

Mit dem komplexen Lastwiderstand $\underline{Z}_a = \underline{U}_a/\underline{I}_a$ kann man sie auch in die Form

$$\underline{U}_e = \underline{U}_a \left(\cosh \underline{g} + \frac{\underline{Z}_L}{\underline{Z}_a} \sinh \underline{g}\right) \tag{7.9}$$

$$\underline{I}_e = \underline{I}_a \left(\cosh \underline{g} + \frac{\underline{Z}_a}{\underline{Z}_L} \sinh \underline{g}\right) \tag{7.10}$$

bringen, die für ein Rechnerprogramm besonders geeignet ist.

7.2.2 Nachrichtentechnische Kenngrößen

Für die Zwecke der Nachrichtentechnik sollte ein Rechnerprogramm einmal mit den Eingaben $\underline{U}_a$, $\underline{Z}_a$, f, l, R', L', C' und G' die mit Gl. (7.4) bis (7.10) berechenbaren Größen $\underline{Z}_L$, $\underline{\gamma}$, $\underline{g}$, $\underline{I}_a$, $\underline{U}_e$, $\underline{I}_e$ und den Eingangswiderstand

$$\underline{Z}_e = \underline{U}_e/\underline{I}_e \tag{7.11}$$

bestimmen. Ferner sind noch wichtig der komplexe Reflexionsfaktor der Spannung

$$\underline{r}_u = \frac{1 - (\underline{Z}_L/\underline{Z}_a)}{1 + (\underline{Z}_L/\underline{Z}_a)} \tag{7.12}$$

bzw. des Stromes

$$\underline{r}_i = - \underline{r}_u \text{ ,} \tag{7.13}$$

die einfallende Spannungswelle am Leitungsausgang

$$\underline{U}_{ae} = \underline{U}_e/(1 + \underline{r}_u) \tag{7.14}$$

sowie die zugehörige reflektierte Spannung

$$\underline{U}_{ar} = \underline{r}_u \, \underline{U}_e \tag{7.15}$$

und die entsprechenden Spannungen am Eingang

$$\underline{U}_{ee} = \underline{U}_{ae} \, e^{\underline{g}} \tag{7.16}$$

$$\underline{U}_{er} = \underline{U}_{ar} \, e^{-\underline{g}} \tag{7.17}$$

7.2.3 Energietechnische Kenngrößen

Elektrische Energie wird auf Hoch- und Höchstspannungsleitungen /9/ meist in einem Drehstrom-Dreileitersystem über weite Entfernungen l übertragen. Für eine solche Leitung gibt man neben den Belägen R', L', G' und C' meist die Spannung U_a am Leitungsausgang, die dort abzugebende Wirkleistung

$$P_a = \sqrt{3}\, I_a \, U_a \cos \varphi_a \tag{7.18}$$

bei dem Leistungsfaktor cos φ_a, die Frequenz f und die Leitungslänge l an. Neben den aus Gl. (7.4) bis (7.10) berechenbaren Größen $\underline{Z}_L$, $\underline{g}$, $\underline{I}_a$, $\underline{U}_e$, $\underline{I}_e$ interessieren außerdem noch die komplexe Eingangsleistung

$$\underline{S}_e = P_e + j\, Q_e = \underline{U}_e \, \underline{I}_e^* \tag{7.19}$$

der Wirkungsgrad der Leitung

$$\eta = P_a/P_e \tag{7.20}$$

und die natürliche Leistung

$$P_{nat} = U_a^2/Z_L \tag{7.21}$$

7.3 Programmbeschreibung

Dieses Programm 1.36 wird über die Marke "LG" gestartet, hat einen gemeinsamen Eingabeteil und berechnet auch zunächst einige Kenngrößen in gleicher Weise. Über die Anfrage NT ET? werden die notwendigen Verzweigungen in einen nachrichten- und einen energietechnischen Teil gesteuert.

Die sofort einzusehenden Kürzel sind aus den Formelzeichen abgeleitet. Dieses umfangreiche Berechnungsprogramm stellt zwar keine hohen programmtechnischen Ansprüche, bietet wegen der vielen notwendigen komplexen Rechnungen jedoch dem Benutzer große Erleichterungen. Alle festen Speicher werden genutzt - teilweise mehrfach. Die Aufgaben der einzelnen Programmzeilen läßt sich anhand der INPUT- und PRINT-Befehle leicht erkennen.

Wenn die Leitungslänge l in km eingegeben wird, müssen die Beläge ebenfalls auf die Einheit km bezogen sein.

7.4 Anwendungen

Beispiel 7.3. Eine Fernmeldeleitung hat nach /10/ die Länge l = 50 km und die Beläge R' = 2 Ω/km, L' = 2 mH/km, C' = 7 nF/km und G' = 1 µS/km. An ihrem Ende liegt der komplexe Widerstand $\underline{Z}_a$ = 350 Ω /- 30°, an dem bei der Kreisfrequenz ω = 5000 s^{-1} die Spannung U_a = 3,5 V gemessen wird. Es sollen alle mit dem Programm 1.36 berechenbaren Kennwerte bestimmt werden.

Programm 1.36

```
185:GOSUB 250
190:"W"V=X:W=Y: RETURN
230:Z=X:X=Z*V-Y*W:Y=Z*W+
    Y*V: RETURN
250:Z=X*X+Y*Y:X=X/Z:Y=-Y
    /Z: RETURN
370:RADIAN
375:W= EXP Z:V=(W-1/W)/2
    :W=(W+1/W)/2: RETURN
382:X=V* COS Y:Y=W* SIN
    Y: RETURN
385:GOSUB 370:X=W* COS Y
    :Y=V* SIN Y: RETURN
390:"LG" CLEAR : PRINT "
    LEITUNGSGLEICHUNG"
395:INPUT "NT ET?",A$,"L
    L?",B,"R!?",C,"L!?",
    D,"G!?",E,"C!?",F,"F
    ?",G,"UA?",H
397:IF A$="ET" THEN 480
400:INPUT "ZA?",I,"PHI A
    ?",J
405:G=2*π*G:F=G*F:D=G*D:
    X=E:Y=F: GOSUB 185:
    GOSUB 485: PRINT "ZL
    =": GOSUB 925
410:L=X:M=Y:V=E:W=F:
    GOSUB 485: GOSUB 970
    : PRINT "GAMMA=":
    GOSUB 930
415:X=B*X:Y=B*Y: PRINT "
    G=": GOSUB 930:T=X:U
    =Z: IF A$="NT" LET N
    =H/I: GOTO 425
420:N=S/√3/H/Q:I=H/√3/N
425:X=N:Y=-J: PRINT "IA=
    ": GOSUB 925:Z=T:Y=U
    : GOSUB 385:C=X:D=Y:
    Y=U: GOSUB 382:
    GOSUB 960
```

```
427:E=X:F=Y:X=X*L/I:Y=Y+
    M-J: GOSUB 970
430:X=(X+C)*H:Y=(Y+D)*H:
    GOSUB 960: PRINT "UE
    =": GOSUB 925:O=X:P=
    Y
432:X=E*I/L:Y=F+J-M:
    GOSUB 970
435:X=X+C:Y=Y+D: GOSUB 9
    60:X=X*N:Y=Y-J:
    PRINT "IE=": GOSUB 9
    25:Q=X:R=Y: IF A$="E
    T" THEN 495
440:X=O/X:Y=P-Y: PRINT "
    ZE=": GOSUB 925:X=L/
    I:Y=M-J: GOSUB 970
445:GOSUB 475:X=X+1:
    GOSUB 185:X=1-B:Y=-C
    : GOSUB 230: GOSUB 9
    60: PRINT "RU="
450:GOSUB 470: GOSUB 970
    :X=X+1: GOSUB 960:X=
    H/X:Y=-Y: PRINT "UAE
    F=": GOSUB 925:E=X:F
    =Y
455:X=B*X:Y=C+Y: PRINT "
    UARF=": GOSUB 470:U=
    180*U/π
460:D= EXP T:X=E*D:Y=F+U
    : PRINT "UEEF=":
    GOSUB 925
465:X=B/D:Y=C-U: PRINT "
    UERF=": GOSUB 925:
    GOTO 390
470:GOSUB 925
475:B=X:C=Y: RETURN
480:INPUT "PA?",S,"COS P
    HI A?",Q,"KAP:K? IND
    :I?",K$:J= ACS Q: IF
    K$="K" LET J=-J
482:GOTO 405
485:X=C:Y=D: GOSUB 230:
    GOSUB 960:X=√X:Y=Y/2
    : RETURN
495:X=√3*O*Q:Y=P-R:
    GOSUB 970: PRINT "SE
    =": GOSUB 930: PRINT
    "ETA=";S/X: PRINT "P
    NAT=";H*H/L: GOTO 39
    0
925:GOSUB 990: GOSUB 979
    : PRINT Z;" < ";
    USING ;Y: RETURN
930:GOSUB 979:X=Z:Z=Y:
    GOSUB 980: PRINT X;"
     J";Z: RETURN
960:DEGREE :Z=√(X*X+Y*Y)
    : IF Z LET Y= ACS (X
    /Z)*( SGN Y+(Y=0)):X
    =Z
961:RETURN
970:DEGREE :Z=X:X=X* COS
    Y:Y=Z* SIN Y: RETURN
979:Z=X
980:IF Z=0 RETURN
981:Z=(5*10^ INT ( LOG (
    ABS Z)-4)+ ABS Z)*
    SGN Z
982:USING "##.###^":
    RETURN
990:Z=1E8+ ABS Y:Y=(Z-1E
    8)* SGN Y: RETURN
```

Es handelt sich hier um eine Leitung für nachrichtentechnische Zwecke. Daher ist der Rechengang

Eingaben	Ausgabe	Eingabe	Ausgabe
G."LG" ENTER	LEITUNGSGLEICHUNG	ENTER	1.000E-02 < 30.
ENTER	NT ET?	ENTER	UE=
NT ENTER	LL?	ENTER	4.440E 00 < 83.2
50 ENTER	R!?	ENTER	IE=
2 ENTER	L!?	ENTER	1.014E-02 < 62.5
2E-3 ENTER	G!?	ENTER	ZE=
1E-6 ENTER	C!?	ENTER	4.379E 02 < 20.7
7E-9 ENTER	F?	ENTER	RU=
5000/2π ENTER	UA?	ENTER	3.085E-01 <-136.4
3.5 ENTER	ZA?	ENTER	UAEF=
350 ENTER	PHI A?	ENTER	4.347E 00 < 15.3
-30 ENTER	ZL=	ENTER	UARF=
ENTER	5.397E 02 <-4.8	ENTER	1.341E 00 <-121.1
ENTER	GAMMA=	ENTER	UEEF=
ENTER	2.130E-03 J 1.878E	ENTER	4.836E 00 < 69.1
ENTER	G= -02	ENTER	UERF=
ENTER	1.065E-01 J 9.388E	ENTER	1.206E 00 <-174.9
ENTER	IA= -01		

Demnach sind Wellenwiderstand $\underline{Z}_L$ = 539,7 Ω /- 4,8°, Ausbreitungskoeffizient $\underline{\gamma}$ = (2,13 + j 18,78)·10^{-3}, Dämpfungsmaß $\underline{g}$ = 0,1065 + j 0,9388, Eingangsspannung $\underline{U}_e$ = 4,441 V /83,2°, Eingangsstrom $\underline{I}_e$ = 10,14 mA /62,5°, Eingangswiderstand $\underline{Z}_e$ = 437,8 Ω /20,6°, Reflexionsfaktor der Spannung $\underline{r}_u$ = 0,3083 /- 136,4° und die übrigen Ergebnisse dem Rechengang unmittelbar zu entnehmen.

Beispiel 7.4. Eine Fernsprechleitung hat die Beläge R' = 73,2 Ω/km, L' = 0,7 mH/km, C' = 42 nF/km und G' = 1 µS/km. Die Dämpfung darf bei der Frequenz f = 3,4 kHz um nicht mehr als 8,7 dB größer als bei f = 800 Hz sein. Wie lang darf dann die Leitung höchstens sein?

Wir brauchen zunächst nur den Dämpfungskoeffizienten α für die beiden Frequenzen bei der Länge l = 1 km zu bestimmen und machen dies mit den Rechengängen

Eingaben	Ausgabe	Eingaben	Ausgabe
G."LG" ENTER	LEITUNGSGLEICHUNG	NT ENTER	LL?
ENTER	NT ET?	1 ENTER	R!?

Eingaben	Ausgabe
73.2 ENTER	L!?
.7E-3 ENTER	G!?
1E-6 ENTER	C!?
42E-9 ENTER	F?
3400 ENTER	UA?
1 ENTER	ZA?

Eingaben	Ausgabe
1 ENTER	PHI A?
1 ENTER	ZL=
ENTER	2.886E 02 <-39.2
ENTER	GAMMA=
ENTER	1.638E-01 J 2.005E-01

Die 2. Eingabe ist bis zur Linie ---- genauso und ist anschließend abzuändern in

Eingaben	Ausgabe
800 ENTER	UA?
1 ENTER	ZA?
1 ENTER	PHI A?
1 ENTER	ZL=

Eingaben	Ausgabe
ENTER	5.892E 02 <-43.5
ENTER	GAMMA=
ENTER	8.603E-02 J 8.984E-02

Daher gilt mit 1 Np $\hat{=}$ 8,686 dB bei

f = 3,4 kHz = 0,1638 Np/km $\hat{=}$ 1,423 dB/km

und f = 8oo Hz = 0,08603 Np/km $\hat{=}$ 0,7473 dB/km.

Die 1 km lange Leitung zeigt somit die Dämpfungsdifferenz $\Delta\alpha$ = (1,423 - 0,7472) dB/km = 0,6758 dB/km. Um $\Delta\alpha l$ = 8,7 dB zu erhalten, darf die Leitungslänge daher l = (8,7/0,6758) km = 12,87 km betragen.

Beispiel 7.5. Eine Drehstrom-Freileitung hat nach /9/ die Länge l = 400 km und die Beläge R' = 30,7 mΩ/km, L' = 795 μH/km, G' = 20 nS/km und C' = 14,5 nF/km. Am Leitungsende herrscht bei der Frequenz f = 50 Hz die Außenleiterspannung U_a = 375 kV und wird die Wirkleistung P_a = 375 MW beim Leistungsfaktor cos φ_a = 1 abgenommen. Es sollen alle mit dem Programm 1.36 berechenbaren Kennwerte bestimmt werden.

Dies ist eine Leitung, die elektrische Energie übertragen soll. Somit ist der Rechengang

Eingaben	Ausgabe
G."LG" ENTER	LEISTUNGSGLEICHUNG
ENTER	NT ET?
ET ENTER	LL?
400 ENTER	R!?
30.7E-3 ENTER	L!?

Eingaben	Ausgabe
795E-6 ENTER	G!?
20E-9 ENTER	C!?
14.5E-9 ENTER	F?
50 ENTER	UA?
375E3 ENTER	PA?

Eingaben	Ausgabe	Eingaben	Ausgabe
375E6 ENTER	COS PHI A?	ENTER	5.774E 02 < 0.
1 ENTER	KAP:K? IND:I?	ENTER	UE=
I ENTER	ZL=	ENTER	3.672E 05 8 16.
ENTER	2.350E 02 <-3.4	ENTER	IE=
ENTER	GAMMA=	ENTER	6.540E 02 < 36.5
ENTER	6.778E-05 J 1.069E-03	ENTER	SE=
ENTER	G=	ENTER	3.896E 08 J-1.457E 08
ENTER	2.711E-02 J 4.274E-01	ENTER	ETA= 9.624E-01
ENTER	IA=	ENTER	PNAT= 5.983E 08

Hier betragen daher Wellenwiderstand $\underline{Z}_L$ = 235 Ω $\underline{/-3{,}4^{\circ}}$, komplexes Dämpfungsmaß $\underline{g}$ = 0,02711 - j 0,4274, Eingangsspannung $\underline{U}_e$ = 367,2 kV $\underline{/16^{\circ}}$, Eingangstrom $\underline{I}_e$ = 654,0 A $\underline{/36{,}5^{\circ}}$, Wirkleistung am Eingang P_e = 389,6 MW, Blindleistung am Eingang Q_e = - 145,7 Mvar (also kapazitiv), Wirkungsgrad η = 0,9624, natürliche Leistung P_{nat} = 598,3 MW. Die Phasenwinkel sind auf die rein relle Ausgangsspannung $\underline{U}_a$ bezogen.

8 Fourier-Analyse

8.1 Grundlagen

Eine periodische Funktion der Zeit t ist nach /5/, /11/ bei der Periodendauer T und den ganzen Zahlen m durch die Bedingung

$$y(t) = y(t + m\,T) \tag{8.1}$$

gekennzeichnet. Sie kann bei der Grundkreisfrequenz ω und der Zeit t nach /5/ und /11/ in die Fourier-Reihe

$$y(t) = \frac{a_o}{2} + \sum_{\nu=1}^{\infty} a_\nu \cos(\nu\,\omega\,t) + b_\nu \sin(\nu\,\omega\,t) \tag{8.2}$$

$$= \overline{y} + \sum_{\nu=1}^{\infty} c_\nu \cos(\nu\,\omega\,t + \varphi_\nu) \tag{8.3}$$

zerlegt werden. Wenn die Funktion y(t) an n Stützstellen mit den Stützwerten y_i bekannt ist, kann man nach /5/ für die Ordnungszahlen

$$\nu = 1,\ 2,\ \ldots,\ (\frac{n}{2} - 1) \tag{8.4}$$

die Fourierkoeffizienten

$$a_\nu = \frac{2}{n} \sum_{i=1}^{n} y_i \cos\frac{2\,\pi\,i\,\nu}{n} \tag{8.5}$$

$$b_\nu = \frac{2}{n} \sum_{i=1}^{n} y_i \sin\frac{2\,\pi\,i\,\nu}{n} \tag{8.6}$$

und den linearen Mittelwert

$$\overline{y} = \frac{a_o}{2} = \frac{1}{n} \sum_{i=1}^{n} y_i \tag{8.7}$$

bestimmen. Aus der Komponentenform

$$\underline{c}_\nu = a_\nu - j\,b_\nu = c_\nu \,\underline{/\varphi_\nu} \tag{8.8}$$

erhält man durch Umrechnen in die Polarform schließlich die Amplitude c_ν und den Phasenwinkel φ_ν /11/.

8.2 Programmbeschreibung

Dieses Programm arbeitet nur mit einer geraden Stützstellenzahl n; es springt auf den Beginn zurück, wenn eine ungerade Anzahl n eingegeben wird. Nach dem Eingeben der Stützstellenzahl werden die Funktionswerte y_i der Stützstellen angefordert. Hierbei erscheinen die Anzeigen Y1 bis YN nur kurz im Anschluß an einen Piepton und gehen dann in das Fragezeichen (?) über. Da nach den Eingaben diese sofort verarbeitet werden, muß man das nächste Fragezeichen bzw. den nächsten Piepton unbedingt abwarten.

Das Programm berechnet nach Eingabe eines Stützwerts y_i die Summanden von Gl. (8.5) und (8.6) und beginnt auch schon mit dem Summieren entsprechend Gl. (8.5) bis (8.7). An Sprungstellen sind die arithmetischen Mittel der Sprungordinaten als Stützwert y_i zu nehmen. Man beachte, daß nicht mit dem Stützwert y_o, sondern dem ersten Wert y_1 nach Bild 8.1 zu beginnen ist.

Anhand der eingegebenen Stützstellenzahl richtet das Programm selbsttätig 2 Datenfelder mit je n/2 Speicherplätzen ein, so daß hierdurch insgesamt (8n + 6) Bytes aus dem Hauptspeicher beansprucht werden. Das Programm kann also nur arbeiten, wenn diese Reserve im Programmspeicher besteht.

Das Programm liefert maximal (n/2) - 1 Teilschwingungen und springt für $\nu > (n/2) - 1$ auf den Anfang zurück. Die Ergebnisse werden in der Polarform ausgegeben - und zwar die Amplitude im vierziffrigen gerundeten Exponentialformat und der Winkel im Normalformat mit einer gerundeten Nachkommastelle. Wenn die Amplitude $c_\nu < 0{,}0001\ c_1$ ist, wird 0. angezeigt.

Programm 1.37	Erläuterung
`500:"FA" CLEAR : INPUT "FOURIERANALYSE  N?", A:D=A/2-1: IF D<> INT D THEN 500`	Eingabe der Stüzstellenzahl
`510:DIM B(D),C(D):G=2*π/A: RADIAN`	Wahl des Datenfeldes
`520:FOR B=1 TO A: BEEP 1 :C$="Y"+ STR$ B: PAUSE C$: INPUT E:B(0)=B(0)+E:H=B*G`	Eingabe der Stützstellenwerte
`530:FOR F=1 TO D:I=H*F:B(F)=B(F)+E* COS I:C(F)=C(F)+E* SIN I: NEXT F: NEXT B`	Summierung der Kosinus- und Sinusprodukte

```
540:E=√(B(1)^2+C(1)^2)/1
    E4: IF B(0)<E LET B(
    0)=0:
545:GOSUB 980: PRINT "A0        Ausgabe Mittelwert
    /2=";B(0)/A
550:FOR B=1 TO D:C$="C"+
    STR$ B+"=":X=B(B):Y=        Ausgabe Teilschwingungen
    -C(B): GOSUB 960:X=2
    X/A: IF X<E PRINT C$
    ;J: GOTO 580
560:PRINT C$: GOSUB 925
580:NEXT B: GOTO 500
925:GOSUB 990: GOSUB 979        Ausgabe in Polarform
    : PRINT Z;" < ";
    USING ;Y: RETURN
960:Z=√(X*X+Y*Y): IF Z          Umrechnung in Polarform
    LET Y= ACS (X/Z)*(
    SGN Y+(Y=0)):X=Z
961:RETURN
979:Z=X                         Runden des Betrags
980:IF Z=0 RETURN
981:Z=(5*10^ INT ( LOG (
    ABS Z)-4)+ ABS Z)*
    SGN Z
982:USING "##.###^":
    RETURN
990:Z=1E8+ ABS Y:Y=(Z-1E        Runden des Winkels
    8)* SGN Y: RETURN
```

Datenregister. A: n, B: Zähler, CØ: Stringvariable, D: (n/2)-1, E: Y_i, G, H, I: Zwischenspeicher, J: 0, X, Y, Z: komplexe Rechnung.

8.3 Anwendungen

Beispiel 8.1. Die Dreieckfunktion von Bild 8.1 soll mit n = 8 Stützstellen in eine Fourierreihe zerlegt und die Fourierkoeffizienten sollen bestimmt werden.

Eingabe	Ausgabe
R."FA" ENTER	FOURIERANALYSE N?
8 ENTER	Y1
	?
2.5 ENTER	Y2
	?
4 ENTER	Y3
	?
2.5 ENTER	Y4
	?
1 ENTER	Y5
	?
-.5 ENTER	Y6
	?
-2 ENTER	Y7
	?
-.5 ENTER	Y8
	?
1 ENTER	A0/2= 1.000E 00
ENTER	C1=
ENTER	2.561E 00 <-90.
ENTER	C2=0.
ENTER	C3=
ENTER	4.393E-01 < 90.

Bild 8.1 Dreieckfunktion y(t)

Mit dem nebenstehenden Rechengang findet man die Fourierreihe

$$y(t) = 1 + 2{,}562 \cos(\omega t - 90^\circ) + 0{,}4393 \cos(3\,\omega t + 90^\circ).$$

<u>Beispiel 8.2</u>. Eine periodische Funktion y(t) folgt nach Bild 8.2 zwei <u>e-Funktionen</u>. Es soll die Fourierreihe mit Gliedern bis zur Ordnungszahl $\nu = 11$ bestimmt werden.

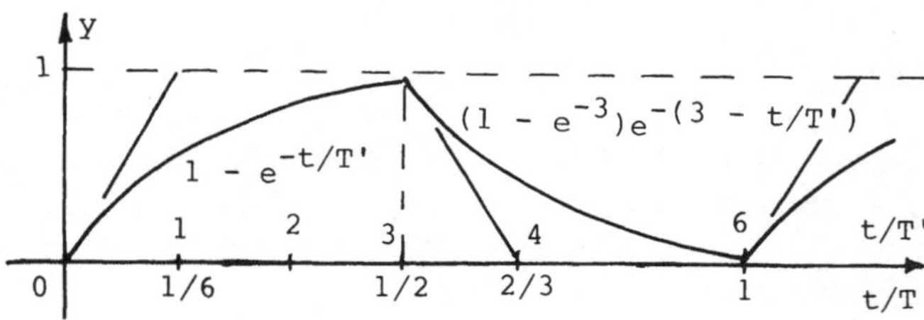

Bild 8.2 Periodische Funktion y(t)

Wir benötigen nach Gl. (8.4) 24 Stützstellen, die mit T = 6 T' im Abstand t/T' = 0,25 zu berechnen sind. Wir benutzen hier für die

Eingabe die Miniprogramme 1.20 und 1.21, nutzen den RESERVE-Speicher des PC-1251 also mit den Programmen

A: 1-1/EXP(.25* B:.950213 /EXP(.25*

In der Schrittfolge B steht der Faktor $1 - e^{-3} = 0{,}950213$. Bei t/T = 1 zeigt die Funktion y(t) einen Sprung; daher wird hier nur der halbe Funktionswert als Stützwert eingegeben. Die beiden Schrittfolgen müssen jeweils durch die Schritte 1) ENTER bis 12) ENTER abgeschlossen werden, wie dies der folgende Rechengang zeigt:

Eingaben	Ausgabe	Eingaben	Ausgabe
R."FA" ENTER	FOURIERANALYSE N?	ENTER	4.425E-01 <-138.
24 ENTER	Y1 ?	ENTER	C2=
SHIFT A	1-1/EXP(.25*	ENTER	6.677E-03 < 116.8
1) ENTER	Y2 ?	ENTER	C3=
SHIFT A	1-1/EXP(.25*	ENTER	6.816E-02 <-167.1
2) ENTER	Y3 ?	ENTER	C4=
⋮		ENTER	3.346E-03 < 106.3
⋮		ENTER	C5=
11) ENTER	Y12 ?	ENTER	2.796E-02 <-176.
SHIFT A	1-1/EXP(.25*	ENTER	C6=
12) ENTER	Y13 ?	ENTER	1.971E-03 < 104.
SHIFT B	.950213/EXP(.25*	ENTER	C7=
1) ENTER	Y14 ?	ENTER	1.670E-02 <-179.7
SHIFT B	.950213/EXP(.25*	ENTER	C8=
2) ENTER	Y15 ?	ENTER	1.161E-03 < 106.3
⋮		ENTER	C9=
⋮		ENTER	1.240E-02 < 179.2
11) ENTER	Y24 ?	ENTER	C10=
SHIFT B	.950213/EXP(.25*	ENTER	5.820E-04 < 116.8
12)/2 ENTER	A0/2=4.920E-01	ENTER	C11=
ENTER	C1=	ENTER	1.079E-02 < 179.6

Die Amplituden c_ν und Phasenwinkel φ_ν kann man dem Rechengang unmittelbar entnehmen.

Anhang

Schrifttum

/1/ Baumann, R.: Programmieren mit BASIC. Stuttgart 1981

/2/ Becker, J.; Dreyer, H.-J.; Haacke, W.; Nabert, R.: Numerische Mathematik für Ingenieure. Stuttgart 1977

/3/ Brand, B.: Algorithmen zur praktischen Mathematik. München 1981

/4/ Brauch, W.: Programmierung mit BASIC. Stuttgart 1981

/5/ Brauch, W.; Dreyer, H.-J.; Haacke, W.: Mathematik für Ingenieure. Stuttgart 1981

/6/ Byron, G.S.: Programmieren mit BASIC. Düsseldorf 1978

/7/ Eckhardt, H.: Numerische Verfahren in der Energietechnik. Stuttgart 1978

/8/ Feichtinger, H.: BASIC für Mikrocomputer. München 1980

/9/ Flosdorff, R.; Hilgarth, G.: Elektrische Energieverteilung. Stuttgart 1982

/10/ Fricke, H.; Lamberts, K.; Patzelt, E.: Grundlagen der elektrischen Nachrichtenübertragung. Stuttgart 1979

/11/ Fricke, H.; Vaske, P.: Elektrische Netzwerke. Stuttgart 1982

/12/ Frohne, H.; Ueckert, E.: Grundlagen der elektrischen Meßtechnik. Stuttgart 1983

/13/ Gottfried, B.S.: Programmieren mit BASIC. Düsseldorf 1982

/14/ Haase, V.; Stucky, W.: BASIC. Mainz 1877

/15/ Hainer, K.: Numerische Algorithmen auf programmierbaren Taschenrechnern. Mannheim 1980

/16/ Huelsmann, L.P.: Digitale Berechnungen in der elementaren Netzwerktheorie. München 1972

/17/ Kahlig, P.: Graphische Darstellung mit dem Taschencomputer PC-1211 (SHARP). Wiesbaden 1982

/18/ Kremer, H.: Numerische Berechnung linearer Netzwerke und Systeme. Berlin 1978

/19/ Kreth, H.: Programmieren von Taschenrechnern 7. Lehr- und Übungsbuch für die Rechner SHARP PC-1210 und PC-1211. Wiesbaden 1982

/20/ Lange, D.: Standardprogramme der Netzwerkanalyse für BASIC-Taschencomputer (CASIO). Wiesbaden 1982

/21/ Löthe, H.; Quehl, W.: Systematisches Arbeiten mit BASIC. Stuttgart 1982

/22/ Lorenz, C.: BASIC-Programmier-Handbuch. 1979

/23/ Mägerle, E.W.: Einführung in das Programmieren in BASIC. Berlin 1979

/24/ Mehlhorn, K.: Effiziente Algorithmen. Stuttgart 1977

/25/ Menzel, K.: BASIC in 100 Beispielen. Stuttgart 1982

/26/ Poole, L.; Borchers, M.: 77 BASIC-Programme. Heidelberg 1980

/27/ Rehbein, H.: BASIC - leicht gemacht. Düsseldorf 1974

/28/ Sack, J.; Meadows, J.: BASIC - eine Einführung. München 1981

/29/ Saworski, K.-H.: BASIC - kein Problem. Düsseldorf 1981

/30/ Schärf, J.: BASIC für Anfänger. München 1981

/31/ Schauer, H.; Barta, G.: Methoden der Programmerstellung für Tisch- und Taschenrechner. Wien 1979

/32/ Schneider, W.: Einführung in BASIC. Wiesbaden 1980

/33/ -: BASIC für Fortgeschrittene. Wiesbaden 1982

/34/ Schumny, H.: Taschenrechner + Mikrocomputer Jahrbuch. Wiesbaden 1979 bis 1983

/35/ Schwill, W.-D.; Weibezahn, R.: Einführung in die Programmiersprache BASIC. Wiesbaden 1979

/36/ Selder, H.: Einführung in die Numerische Mathematik für Ingenieure. München 1979

/37/ Singer, F.: Programmieren in der Praxis. Stuttgart 1980

/38/ Spencer, D.D.: Anleitung zum praktischen Gebrauch von BASIC. München 1974

/39/ Stief, S.: BASIC. München 1980

/40/ Stiefel, E.: Einführung in die numerische Mathematik. Stuttgart 1976

/41/ Törnig, W.: Numerische Mathematik für Ingenieure und Physiker. Berlin 1979

/42/ Tracton, K.; Lorenz, C.: 57 Praktische BASIC-Programme. 1979

/43/ Unger, H.J.: Theorie der Leitungen. Braunschweig 1966

/44/ Vaske, P.: Berechnung von Gleichstromschaltungen. Stuttgart 1982

/45/ -: Berechnung von Wechselstromschaltungen. Stuttgart 1980

/46/ -: Berechnung von Drehstromschaltungen. Stuttgart 1973

/47/ -: Übertragungsverhalten elektrischer Netzwerke. Stuttgart 1983

/48/ Vaske, P.; Dörrscheidt, F.; Selle, D.: Programmierbare Taschenrechner in der Elektrotechnik. Stuttgart 1981

/49/ Wirth, N.: Systematisches Programmieren. Stuttgart 1978

/50/ Wittig, S.: BASIC-Brevier. Hamburg 1980

/51/ Zurmühl, R.: Praktische Mathematik für Ingenieure und Physiker. Berlin 1961

Besonderheiten der Rechnertypen

Die hier mitgeteilten Programme sind für den PC-1251 geschrieben und somit auf ihm voll mit allen angegebenen Kürzungsmöglichkeiten einsetzbar. Sie sind in zwei Programmpaketen zusammengefaßt, die anschließend in geschlossener Form wiedergegeben werden.

Hier soll noch kurz auf die abweichenden Eigenschaften der übrigen SHARP-BASIC-Taschencomputer hingewiesen werden, ohne daß ein Anspruch auf Vollständigkeit erhoben werden kann.

PC-1210, PC-1211 und PC-1212. Bei diesen Taschenrechnern fehlen die Anweisungen INKEY$ (S. 15), WAIT (S. 16), RND (S. 18), On ... GOTO ... (S. 19), ON ... GOSUB ... (S. 22), STR$ (S. 22), LEFT$ (S. 22), MID$ (S. 23), RIGTH$ (S. 23), DATA (S. 27), DIM (S. 27), LLIST (S. 27), LPRINT (S. 27), RESTORE (S. 27), TRON (S: 27) und VAL (S. 27), die logischen Ausdrücke AND und OR (S. 20) sowie die Zeichen & und @ (S. 24). Programme können nicht einfach über den Befehl GOTO (S. 40) gestartet werden.

Es kann nur ein eindimensionales Datenfeld A(..) gebildet werden, was erhebliche Änderungen in den Programmen 1.32, 1.33 und 1.37

erfordert.

Eine Eingabe 5E3 ist hier kürzer als die Eingabe 5000, weil die Anweisung SHIFT entfällt und alle betroffenen Tasten nahe beieinander liegen.

Im Rundungsprogramm 1.2 (Zeile 990) muß E8 zweimal durch E7 ersetzt werden. Im Programm 1.9 muß es PRINT (1/Z) heißen.

PC-1245. Gegenüber dem PC-1251, der einen Programmspeicher mit 3486 Byte enthält, sind beim PC-1245 nur 1486 Programmschritte möglich, so daß zwar alle hier mitgeteilten Programme einzeln eingegeben werden können, der Programmspeicher jedoch für die anschließend wiedergegebenen Programmpakete nicht ausreicht.

Schwierigkeiten gibt es auch mit der Anzeige, da der PC-1245 nur 16 Zeichen gleichzeitig nebeneinander anzeigen kann, die hier in den Programmen vorgesehene Doppelanzeige von komplexen Größen dagegen ein Display mit 24 Stellen erfordert.

Der RESERVE-Speicher fehlt. Sonst scheint aber der Befehlsvorrat mit dem des PC-1251 identisch zu sein. Es können auch zweidimensionale Datenfelder gebildet werden.

Die in Abschn. 1.2.8.2 beschriebenen Abkürzungen sind beim PC-1245 überflüssig, da die wichtigsten BASIC-Wörter dort als "Instant-BASIC-Kommando-System" bestimmten Tasten zugeordnet sind.

PC-1500. Da hier vierstellige Zeilennummern bei einem größeren Speicher möglich sind, kann man die beiden Programmpakete bei etwas geänderter Programmorganisation leicht hintereinander im Programmspeicher unterbringen und dann sonst doppelt vorhandene Programmzeilen einsparen.

Die in Abschn. 1.2.8 erläuterten und insbesondere die in Tafel 1.1 aufgeführten Abkürzungen sind hier teilweise nicht möglich, da z.B. 2A eine Fehlermeldung ergibt. AB (ohne Malzeichen) wird als Variable bzw. Datenregister AB gedeutet. Man muß daher bei der vollständigen Befehlsfolge (z.B. mit dem Multiplikationszeichen *) bleiben.

Ein Exponentialausdruck ist stets vollständig einzugeben - z.B. $1 \cdot 10^5$ als 1E5 - und entsprechend in den Programmen zu formulieren - z.B. in Zeile 990. (E5 wird als Variable E5 gedeutet.)

Der RESERVE-Speicher (s. Abschn. 3.2) ist anders organisiert als beim PC-1251 und daher auch anders zu programmieren und aufzurufen (s. Bedienungsanleitung).

Das Zeichen ; kann beim PC-1500 etwas anders genutzt werden als beim PC-1251; die hier gezeigte Handhabung führt jedoch beim PC-1500 nicht zu Fehlern.

PC-1401. Dieser Taschencomputer unterscheidet sich erheblich von den übrigen SHARP-Rechnern; sein Einsatz wird daher gesondert in Teil 3 behandelt.

Programmpakete

Die Programme dieses Buchs werden zu den folgenden Programmpaketen I und II zusammengefaßt hier nochmals mitgeteilt. Sie können so z.B. unmittelbar in die SHARP-Taschencomputer PC-1245, PC-1251 und PC-1500 eingegeben werden, da sie die für die Rechner PC-1245 und PC-1251 möglichen Abkürzungen nicht nutzen. Für den PC-1401 sind dagegen teilweise größere Anpassungen erforderlich (s. Teil 3).

Auf Angaben zum Umfang der Programmschritte wird hier generell verzichtet, da er bei den verschiedenen Rechnertypen unterschiedlich ist und z.B. der PC-1500 für das gleiche Programm i.allg. mehr Programmspeicherplätze verlangt als die übrigen SHARP-Taschencomputer.

Auch werden hier die Programmzeilen nicht nochmals erläutert, da dies schon bei den Programmen selbst geschieht. Dort wird man auch weitere Fragen beantwortet finden.

Programmpaket I

```
10:"C" PRINT "KOMPLEXES
    RECHNEN"
20:INPUT "+ - * / I P T
    S?",A$: GOTO A$
30:"+" GOSUB 140
35:GOSUB 210
40:INPUT "E K?",C$: IF
   C$="E" THEN 60
50:GOSUB 930: GOTO 20
60:GOSUB 960: GOSUB 925
   : GOSUB 970: GOTO 20
70:"-" GOSUB 140:X=-X:Y
   =-Y: GOTO 35
80:"*" GOSUB 140
85:GOSUB 230: GOTO 40
90:"/" GOSUB 220: GOTO
   40
100:"I" GOSUB 240: GOTO
    40
110:"P" GOSUB 240: GOSUB
    240: GOSUB 210:
    GOSUB 250: GOTO 40
120:"T" GOSUB 220:X=X+1:
    GOSUB 250: GOSUB 150
    : GOTO 85
130:"S"T=X:U=Y: GOTO 20
```

```
140:GOSUB 160
150:GOSUB 190
160:INPUT "E K W R?",B$:
    GOTO B$
170:"E" INPUT "A?",X,"<?
    ",Y: GOTO 970
180:"K" INPUT "RE?",X,"I
    M?",Y: RETURN
185:GOSUB 250
190:"W"V=X:W=Y: RETURN
200:"R"X=T:Y=U: RETURN
210:X=X+V:Y=Y+W: RETURN
220:GOSUB 160: GOSUB 240
230:Z=X:X=Z*V-Y*W:Y=Z*W+
    Y*V: RETURN
240:GOSUB 150
250:Z=X*X+Y*Y:X=X/Z:Y=-Y
    /Z: RETURN
260:"ZD" INPUT "ZEIGER-D
    REIECK A?",C,"B?",B,
    "C?",A
270:A= ACS ((A*A+B*B-C*C
    )/2/A/B):B= ASN (
    SIN A*B/C):C=180-A-B
    : USING "####.##"
280:PRINT "<A=";A;" <B="
    ;B: PRINT " <C=";C;"
     <D=";180-C: PRINT "
     <E=";180-B: END
290:"RT" PRINT "RESONANZ
    TRANSFORMATION":
    INPUT "RI?",A,"RA?",
    B,"F?",C:C=2*π*C:
    GOSUB 995
292:INPUT "C1 L1?",D$:
    IF B>A LET E=B*√(A/(
    B-A)): GOTO 300
295:E=√(B*(A-B))
300:IF D$="L1" LET E=E/C
    : PRINT "L1=";E:
    PRINT "C2=";E/A/B:
    GOTO 292
305:E=1/C/E: PRINT "C1="
    ;E: PRINT "L2=";E*A*
    B:GOTO 292
320:"UA" PRINT "UNBEDING
    T AEQUIVALENT":
    INPUT "A IN B:A? B I
    N A:B?",A$
325:GOSUB 995: IF A$="B"
    THEN 340
330:INPUT "Z1A?",B,"Z2A?
    ",C,"Z3A?",D:E=1/(1/
    B+1/C)
335:PRINT "Z1B=";E:
    PRINT "Z2B=";E*B/C:
    PRINT "Z3B=";E*E*D/C
    /C: GOTO 320
340:INPUT "Z1B?",B,"Z2B?
    ",C,"Z3B?",D:E=B+C:C
    =E*B/C
345:PRINT "Z1A=";E:
    PRINT "Z2A=";C:
    PRINT "Z3A=";C*C*D/B
    /B: GOTO 320
350:"SINH" INPUT "HYPERB
    ELSINUS R K?",A$,"RE
    ?",Z: IF A$="R" THEN
    357
355:INPUT "IM?",Y: GOSUB
    380: GOSUB 930: GOTO
    350
357:GOSUB 370:Z=V: GOSUB
    980: PRINT Z: GOTO 3
    50
360:"COSH" INPUT "HYPERB
    ELCOSINUS R K?",A$,"
    RE?",Z: IF A$="R"
    THEN 367
365:INPUT "IM?",Y: GOSUB
    385: GOSUB 930: GOTO
    360
367:GOSUB 370:Z=W: GOSUB
    980: PRINT Z: GOTO 3
    60
370:RADIAN
375:W= EXP Z:V=(W-1/W)/2
    :W=(W+1/W)/2: RETURN
380:GOSUB 370
382:X=V* COS Y:Y=W* SIN
    Y: RETURN
```

```
385:GOSUB 370:X=W* COS Y
    :Y=V* SIN Y: RETURN
390:"LG" CLEAR : PRINT "
    LEITUNGSGLEICHUNG"
395:INPUT "NT ET?",A$,"L
    L?",B,"R!?",C,"L!?",
    D,"G!?",E,"C!?",F,"F
    ?",G,"UA?",H
397:IF A$="ET" THEN 480
400:INPUT "ZA?",I,"PHI A
    ?",J
405:G=2*π*G:F=G*F:D=G*D:
    X=E:Y=F: GOSUB 185:
    GOSUB 485: PRINT "ZL
    =": GOSUB 925
410:L=X:M=Y:V=E:W=F:
    GOSUB 485: GOSUB 970
    : PRINT "GAMMA=":
    GOSUB 930
415:X=B*X:Y=B*Y: PRINT "
    G=": GOSUB 930:T=X:U
    =Z: IF A$="NT" LET N
    =H/I: GOTO 425
420:N=S/√3/H/Q:I=H/√3/N
425:X=N:Y=-J: PRINT "IA=
    ": GOSUB 925:Z=T:Y=U
    : GOSUB 385:C=X:D=Y:
    Y=U: GOSUB 382:
    GOSUB 960
427:E=X:F=Y:X=X*L/I:Y=Y+
    M-J: GOSUB 970
430:X=(X+C)*H:Y=(Y+D)*H:
    GOSUB 960: PRINT "UE
    =": GOSUB 925:O=X:P=
    Y
432:X=E*I/L:Y=F+J-M:
    GOSUB 970
435:X=X+C:Y=Y+D: GOSUB 9
    60:X=X*N:Y=Y-J:
    PRINT "IE=": GOSUB 9
    25:Q=X:R=Y: IF A$="E
    T" THEN 495
440:X=O/X:Y=P-Y: PRINT "
    ZE=": GOSUB 925:X=L/
    I:Y=M-J: GOSUB 970
445:GOSUB 475:X=X+1:
    GOSUB 185:X=1-B:Y=-C
    : GOSUB 230: GOSUB 9
    60: PRINT "RU="
450:GOSUB 470: GOSUB 970
    :X=X+1: GOSUB 960:X=
    H/X:Y=-Y: PRINT "UAE
    F=": GOSUB 925:E=X:F
    =Y
455:X=B*X:Y=C+Y: PRINT "
    UARF=": GOSUB 470:U=
    180*U/π
460:D= EXP T:X=E*D:Y=F+U
    : PRINT "UEEF=":
    GOSUB 925
465:X=B/D:Y=C-U: PRINT "
    UERF=": GOSUB 925:
    GOTO 390
470:GOSUB 925
475:B=X:C=Y: RETURN
480:INPUT "PA?",S,"COS P
    HI A?",Q,"KAP:K? IND
    :I?",K$:J= ACS Q: IF
    K$="K" LET J=-J
482:GOTO 405
485:X=C:Y=D: GOSUB 230:
    GOSUB 960:X=√X:Y=Y/2
    : RETURN
495:X=√3*O*Q:Y=P-R:
    GOSUB 970: PRINT "SE
    =": GOSUB 930: PRINT
    "ETA=";S/X: PRINT "P
    NAT=";H*H/L: GOTO 39
    0
500:"FA" CLEAR : INPUT "
    FOURIERANALYSE  N?",
    A:D=A/2-1: IF D<>
    INT D THEN 500
510:DIM B(D),C(D):G=2*π/
    A: RADIAN
520:FOR B=1 TO A: BEEP 1
    :C$="Y"+ STR$ B:
    PAUSE C$: INPUT E:B(
    0)=B(0)+E:H=B*G
```

```
530:FOR F=1 TO D:I=H*F:B
    (F)=B(F)+E* COS I:C(
    F)=C(F)+E* SIN I:
    NEXT F: NEXT B
540:E=√(B(1)^2+C(1)^2)/1
    E4: IF B(0)<E LET B(
    0)=0:
545:GOSUB 980: PRINT "A0
    /2=";B(0)/A
550:FOR B=1 TO D:C$="C"+
    STR$ B+"=":X=B(B):Y=
    -C(B): GOSUB 960:X=2
    X/A: IF X<E PRINT C$
    ;J: GOTO 580
560:PRINT C$: GOSUB 925
580:NEXT B: GOTO 500
900:GOSUB 960
925:GOSUB 990: GOSUB 979
    : PRINT Z;" < ";
    USING ;Y: RETURN
930:GOSUB 979:X=Z:Z=Y:
    GOSUB 980: PRINT X;"
     J";Z: RETURN
940:"V" INPUT "KOM IN PO
    L RE?",X,"IM?",Y:
    GOSUB 900: END
950:"A" INPUT "POL IN KO
    M A?",X,"<?",Y:
    GOSUB 970: GOSUB 930
    : END
960:Z=√(X*X+Y*Y): IF Z
    LET Y= ACS (X/Z)*(
    SGN Y+(Y=0)):X=Z
961:RETURN
970:DEGREE :Z=X:X=X* COS
    Y:Y=Z* SIN Y: RETURN
975:"Z" AREAD Z: GOSUB 9
    81: PRINT Z: END
979:Z=X
980:IF Z=0 RETURN
981:Z=(5*10^ INT ( LOG (
    ABS Z)-4)+ ABS Z)*
    SGN Z
982:USING "##.###^":
    RETURN
985:"X" AREAD Y: GOSUB 9
    90: PRINT Y: END
990:Z=1E8+ ABS Y:Y=(Z-1E
    8)* SGN Y: RETURN
995:USING "##.####^":
    RETURN
```

Programmpaket II

```
 10:"G": CLEAR : PRINT "
    GLEICHUNGSSYSTEM":
    INPUT "R C?",U$,"N?"
    ,A: GOSUB 660
 20:O$="X": FOR B=1 TO A
 30:FOR C=B TO G:P$=
    STR$ B+ STR$ C:R$="R
    E"+P$: PAUSE R$:
    INPUT B(B-1,C): IF U
    $="R" THEN 50
 40:R$="IM"+P$: PAUSE R$
    : INPUT B(C,B-1)
 50:NEXT C: NEXT B
 60:GOSUB 870: GOTO 10
110:"N": PRINT "NETZWERK
    ANALYSE": CLEAR :
    INPUT "KP MS?",U$,"N
    ?",A: GOSUB 660: IF
    U$="MS" THEN 130
120:O$="U":Q$="Y I S":
    GOTO 140
```

```
130:O$="I":Q$="Z U S"
140:GOSUB 620:C=D: PAUSE
    Q$: INPUT N$: IF (N$
    ="U") OR (N$="I")
    THEN 210
145:IF N$="S" THEN 220
150:INPUT "RE?",X: IF D
    <>0 LET C=D-1:E=F:
    GOSUB 640:E=D: GOSUB
    640
170:E=F:C=E-1: GOSUB 650
180:INPUT "IM?",X: IF D
    <>0 LET E=D-1:C=F:
    GOSUB 640:C=D: GOSUB
    640
200:C=F:E=F-1: GOSUB 650
    : GOTO 140
210:INPUT "RE?",X:C=F-1:
    E=G: GOSUB 650:
    INPUT "IM?",X:C=G:E=
    F-1: GOSUB 650: GOTO
    140
220:GOSUB 870
230:GOSUB 620: IF D=0
    LET D=G
235:X=B(F-1,G)-B(D-1,G):
    Y=B(G,F-1)-B(G,D-1):
    GOSUB 890: GOSUB 970
240:GOSUB 615: PAUSE
    LEFT$ (Q$,1): INPUT
    X,"IM?",Y: GOSUB 570
    :N$=O$:O$= MID$ (Q$,
    3,1): GOSUB 890:O$=N
    $: GOTO 230
540:GOSUB 600:Z=X*X+Y*Y:
    V=X/Z:W=-Y/Z:E=C+1
560:GOSUB 600
570:Z=X:X=Z*V-Y*W:Y=Z*W+
    Y*V: RETURN
600:X=B(B,E):Y=B(E,B):
    RETURN
610:GOSUB 540
615:V=X:W=Y: RETURN
620:INPUT "J.K?",F:C=F:F
    = INT F:D=10*(C-F):
    RETURN
630:B(E,C)=B(E,C)-Y
640:X=-X
650:B(C,E)=B(C,E)+X:
    RETURN
660:G=A+1: DIM B(G,G):
    RETURN
800:FOR B=0 TO A-2
810:FOR C=B+1 TO A-1:E=B
    +1: GOSUB 610
820:FOR E=C+1 TO G:
    GOSUB 560: GOSUB 630
    : NEXT E: NEXT C:
    NEXT B: RETURN
830:FOR D=A-1 TO 0 STEP
    -1:B=D:C=A:E=D+1:
    GOSUB 610
840:B(B,E)=V:B(E,B)=W:
    IF D=0 RETURN
850:FOR B=D-1 TO 0 STEP
    -1:E=D+1: GOSUB 560:
    C=B:E=G: GOSUB 630:
    NEXT B: NEXT D:
    RETURN
870:GOSUB 800: GOSUB 830
    : BEEP 1: INPUT "E K
    ?",H$
880:FOR C=1 TO A:B=C-1:
    GOSUB 600: GOSUB 890
    : NEXT C: RETURN
890:R$=O$+ STR$ C+"=":
    PRINT R$: IF H$="K"
    THEN 930
900:GOSUB 960
925:GOSUB 990: GOSUB 979
    : PRINT Z;" < ";
    USING ;Y: RETURN
```

```
930:GOSUB 979:X=Z:Z=Y:
    GOSUB 980: PRINT X;"
     J";Z: RETURN
960:DEGREE :Z=√(X*X+Y*Y)
    : IF Z LET Y= ACS (X
    /Z)*( SGN Y+(Y=0)):X
    =Z
961:RETURN
970:DEGREE :Z=X:X=X* COS
    Y:Y=Z* SIN Y: RETURN
```

```
979:Z=X
980:IF Z=0 RETURN
981:Z=(5*10^ INT ( LOG (
    ABS Z)-4)+ ABS Z)*
    SGN Z
982:USING "##.###^":
    RETURN
990:Z=1E8+ ABS Y:Y=(Z-1E
    8)* SGN Y: RETURN
```

Formelzeichen

(In Klammern Seitenzahl der Einführung der Zeichen)

Zeitwerte sind hier durch kleine Buchstaben (z.B. u, i), Effektivwerte und Gleichstromgrößen dagegen durch Großbuchstaben (z.B. U, I) gekennzeichnet. Die Formelzeichen komplexer Größen und Zeiger sind unterstrichen (z.B. in $\underline{U}$, $\underline{I}$,$\underline{Z}$). Konjugiert komplexe Größen werden durch * hervorgehoben (z.B. wie in $\underline{U}^*$). Fortlaufende Zahlen als Indizes dienen im allgemeinen der Unterscheidung bzw. Numerierung (z.B. R_1, R_2, R_3). Es werden auch die Zeichen ' und " zur Unterscheidung herangezogen (z.B. in U', U").

Die zunächst zusammengestellten Indizes kennzeichnen im allgemeinen unmißverständlich die angegebene Zuordnung. Die mit diesen Indizes versehenen Formelzeichen werden daher nur für Ausnahmen in der folgenden Formelzeichenliste aufgeführt. Auch sind die nur auf wenigen zusammenhängenden Seiten benutzten Formelzeichen hier nicht angegeben.

Index	Bezeichnung für	Index	Bezeichnung für
a	Ausgang, außen	E	Ersatzquelle
b	Blindanteil	e	Eingang
C	kapazitiv	g	gesamt
Dr	Drossel	i	innen

Index	Bezeichnung für
L	induktiv
max	maximal
p	Parallelschaltung
q	Quelle
r	Reihenschaltung
w	Wirkanteil
1, 2,	fortlaufende Indizes
Δ	Dreieckwert
⅄	Sternwert

Formelzeichen

A	Betrag (69)
$\underline{A}$	komplexe Größe (69)
a	Dämpfung (62)
$\underline{a}$	komplexer Drehfaktor (102)
a_b	Imaginärteil (69)
a_w	Realteil (69)
a_ν	Fourierkoeffizient (151)
B	Blindleitwert (53)
$\underline{B}$	komplexer Koeffizient (97)
b	Phasenmaß (144)
b_ν	Fourierkoeffizient (34)
C	Kapazität (33)
C'	Kapazitätsbelag (144)
c_ν	Amplitude (151)
e	Basis des natürlichen Logarithmus (18)
F	Verhältnis (63)
f	Frequenz (25)
G	Wirkleitwert (48)
G'	Ableitungsbelag (144)
$\underline{g}$	komplexes Dämpfungsmaß (144)
I	Strom (31)
I_g	- des Gegensystems (103)
I_m	- des Mitsystems (103)
I_q	Quellenstrom (71)
I_o	Strom des Nullsystems (103)
Im	Imaginärteil (69)
$j = \sqrt{-1}$	imaginäre Einheit (69)
k	Anzahl der Knotenpunkte (119)
L	Induktivität (51)
L'	Induktivitätsbelag (144)
l	Länge (146)
m	Anzahl der Maschenströme (119)
N	Windungszahl (34)
n	Ordnungszahl (97)
n	Anzahl (151)
P	Wirkleistung (52)
P_{amax}	verfügbare Leistung (49)
P_{nat}	natürliche Leistung (145)
q	Stufensprung (64)
R	Wirkwiderstand (31)
R'	Widerstandsbelag (104)
Re	Realteil (69)
r	Stufenzahl (63)
r	Reflexionsfaktor (145)
$\underline{S}$	komplexe Leistung (145)
T	Zeitkonstante (64)
T	Periodendauer (151)
t	Zeit (64)
U	Spannung (45)
U_q	Quellenspannung (31)
X	Blindwiderstand (52)
X'	Blindwiderstandsbelag (137)
x	Veränderliche (18)
$\underline{Y}$	komplexer Leitwert (93)

y	Veränderliche (18)	γ	komplexer Ausbreitungskoeffizient (144)
y_i	Funktionswert (151)		
Z	Scheinwiderstand (51)	ε	Genauigkeit
$\underline{Z}$	komplexer Widerstand (77)	η	Wirkungsgrad
Z_L	Wellenwiderstand (144)	ϑ	Dämpfungsgrad (95)
z	Veränderliche (61)	ν	Ordnungszahl (151)
z	Anzahl der Zweige (119)	π	Kreiszahl (25)
α	Phasenwinkel (69)	φ	Phasenwinkel (51)
α	Dämpfungskoeffizient (144)	Ω	relative Frequenz (95)
		ω	Kreisfrequenz (25)
ß	Phasenkoeffizient (144)	ω_o	Kennkreisfrequenz (95)

Sachverzeichnis